#상위권문제유형의기준
#상위권진입교재
#응용유형연습
#사고력향상

# 최고수준S

*Chunjae*
*Makes*
*Chunjae*

▼

# [ 최고수준S ] 초등 수학

**기획총괄**   박금옥
**편집개발**   지유경, 정소현, 조선영, 최윤석,
            김장미, 유혜지, 남솔, 정하영
**디자인총괄** 김희정
**표지디자인** 윤순미, 이주영, 김주은
**내지디자인** 박희춘
**제작**       황성진, 조규영

**발행일**     2023년 4월 15일 초판  2023년 4월 15일 1쇄
**발행인**     (주)천재교육
**주소**       서울시 금천구 가산로9길 54
**신고번호**   제2001-000018호
**고객센터**   1577-0902

상 위 권 진 입 비 결

최고수준
S

2-2

# 구성과 특징 🔍

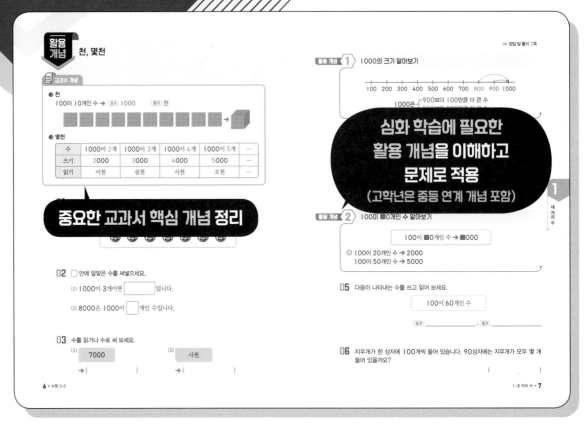

**중요한 교과서 핵심 개념 정리**

**심화 학습에 필요한 활용 개념을 이해하고 문제로 적용**
(고학년은 중등 연계 개념 포함)

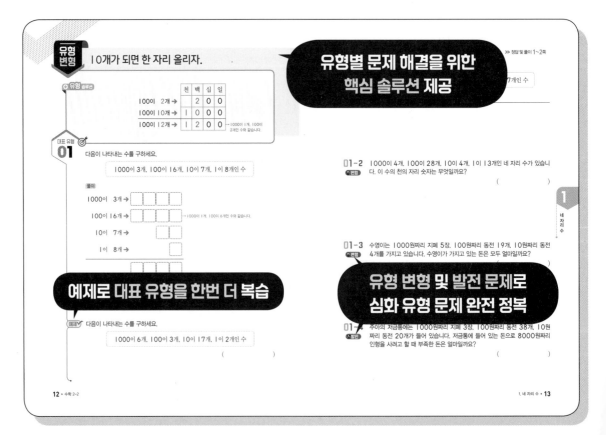

**유형별 문제 해결을 위한 핵심 솔루션 제공**

**예제로 대표 유형을 한번 더 복습**

**유형 변형 및 발전 문제로 심화 유형 문제 완전 정복**

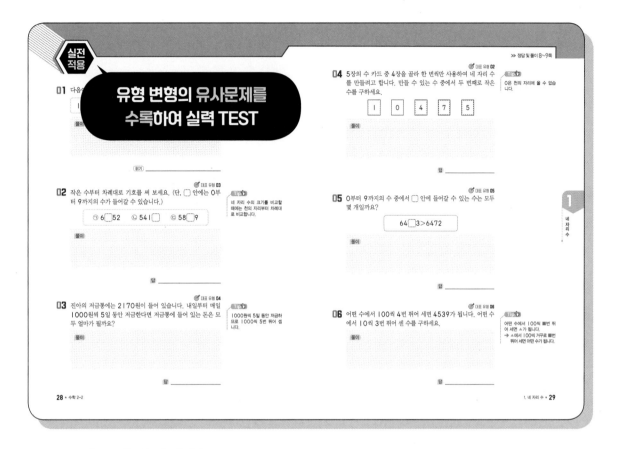

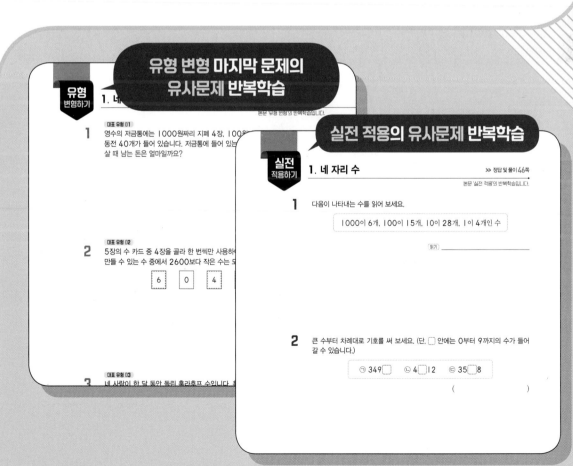

# 1

## 네 자리 수

**유형 변형** 〔대표 유형〕———————————————

**천, 몇천**

● **천**

100이 10개인 수 ➜ 〔쓰기〕 1000  〔읽기〕 천

● **몇천**

| 수 | 1000이 2개 | 1000이 3개 | 1000이 4개 | 1000이 5개 | ⋯ |
|---|---|---|---|---|---|
| 쓰기 | 2000 | 3000 | 4000 | 5000 | ⋯ |
| 읽기 | 이천 | 삼천 | 사천 | 오천 | ⋯ |

**01** 1000원이 되도록 묶어 보세요.

**02** ☐ 안에 알맞은 수를 써넣으세요.

(1) 1000이 3개이면 ☐ 입니다.

(2) 8000은 1000이 ☐ 개인 수입니다.

**03** 수를 읽거나 수로 써 보세요.

(1) 7000

➜ (            )

(2) 사천

➜ (            )

**활용 개념** **1** 1000의 크기 알아보기

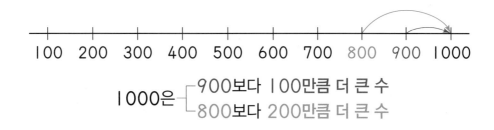

1000은 ┌ 900보다 100만큼 더 큰 수
       └ 800보다 200만큼 더 큰 수

**04** □ 안에 알맞은 수를 써넣으세요.

910 920 930 940 950 960 970 980 990 1000

1000은 ┌ 990보다 [ ] 만큼 더 큰 수
       └ 950보다 [ ] 만큼 더 큰 수

**활용 개념** **2** 100이 ■0개인 수 알아보기

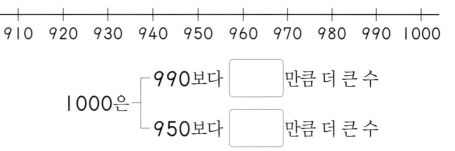

100이 ■0개인 수 → ■000

(예) 100이 20개인 수 → 2000
    100이 50개인 수 → 5000

**05** 다음이 나타내는 수를 쓰고 읽어 보세요.

100이 60개인 수

(쓰기) _____ , (읽기) _____

**06** 지우개가 한 상자에 100개씩 들어 있습니다. 90상자에는 지우개가 모두 몇 개 들어 있을까요?

( )

# 네 자리 수, 각 자리 숫자가 나타내는 값

 교과서 개념

● 네 자리 수

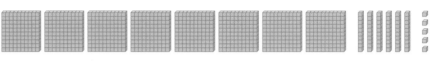

1000이 2개, 100이 8개, 10이 6개, 1이 5개인 수 → 쓰기 2865
읽기 이천팔백육십오

● 각 자리 숫자가 나타내는 값

| 천의 자리 | 백의 자리 | 십의 자리 | 일의 자리 |
|---|---|---|---|
| 2 | 8 | 6 | 5 |

↓

| | | | |
|---|---|---|---|
| 2 | 0 | 0 | 0 |
| | 8 | 0 | 0 |
| | | 6 | 0 |
| | | | 5 |

2865에서
2는 천의 자리 숫자이고 2000을,
8은 백의 자리 숫자이고 800을,
6은 십의 자리 숫자이고 60을,
5는 일의 자리 숫자이고 5를
나타냅니다.
→ 2865=2000+800+60+5

**01**  안에 알맞은 수를 써넣으세요.

(1) 1000이 7개 ┐
     100이 3개 │
     10이 4개  ├ 이면 [    ]
     1이 8개  ┘

(2) 1000이 1개 ┐
     100이 2개 │
     10이 9개  ├ 이면 [    ]
     1이 6개  ┘

**02** 백의 자리 숫자가 4인 수를 찾아 ○표 하세요.

6274    4319    5480

활용 개념 **1** **0이 들어 있는 네 자리 수**

수로 나타낼 때 읽지 않은 자리에는 **0**을 써서 나타냅니다.

예 삼천팔 → 삼천＿＿팔 → 3008
＿＿＿＿＿＿＿＿＿＿＿＿＿＿＿＿＿＿ 0이 2개
　　　　3　0　0　8

백의 자리와
십의 자리를
읽지 않았어요.

**03** 수로 쓰면 숫자 **0**은 모두 몇 개인지 구하세요.

(1) 오천사백일

(2) 칠천육십

(　　　　　　）　　　　　　（　　　　　　）

활용 개념 **2** **각 자리 숫자가 나타내는 값의 크기 비교**

같은 숫자라도 자리에 따라 나타내는 값이 다릅니다.

예 4868
├→ 나타내는 값: 800
└→ 나타내는 값:　　8 ┘ → 800>8

**04** **7**이 나타내는 값이 가장 큰 수를 찾아 기호를 써 보세요.

㉠ 8726　　㉡ 7301　　㉢ 9574

(　　　　　　）

네
자
리
수

**1**

# 뛰어 세기, 수의 크기 비교

◉ **뛰어 세기**

| 1000씩 뛰어 세기 | 1619 — 2619 — 3619 — 4619 | → 천의 자리 수가 1씩 커집니다. |

| 100씩 뛰어 세기 | 5438 — 5538 — 5638 — 5738 | → 백의 자리 수가 1씩 커집니다. |

| 10씩 뛰어 세기 | 1706 — 1716 — 1726 — 1736 | → 십의 자리 수가 1씩 커집니다. |

| 1씩 뛰어 세기 | 9526 — 9527 — 9528 — 9529 | → 일의 자리 수가 1씩 커집니다. |

◉ **수의 크기 비교**

네 자리 수의 크기를 비교할 때에는 천의 자리, 백의 자리, 십의 자리, 일의 자리 순서로 비교하고 높은 자리 수가 클수록 큰 수입니다.

예 4561>3284   5172<5909   7216>7211
   4>3          1<9          6>1
              (같음)        (같음)

---

**01** 뛰어 센 규칙을 찾아 빈칸에 알맞은 수를 써넣으세요.

(1) 3680 — 4680 — 5680 — ☐ — ☐ — ☐

(2) 9107 — 9117 — ☐ — 9137 — ☐ — ☐

**02** 두 수의 크기를 비교하여 ◯ 안에 >, <를 알맞게 써넣으세요.

(1) 5813 ◯ 5264      (2) 8023 ◯ 6704

(3) 3856 ◯ 3858      (4) 7529 ◯ 7540

>> 정답 및 풀이 **1**쪽

**활용 개념 1** 거꾸로 뛰어 세기

■씩 거꾸로 뛰어 세기 → 수가 ■씩 작아집니다.

예 9063부터 1000씩 거꾸로 뛰어 세기

9063 — 8063 — 7063 — 6063 → 천의 자리 수가 1씩 작아집니다.

**03** 4726부터 100씩 거꾸로 뛰어 세어 보세요.

4726 — 4626 — ☐ — ☐ — 4326 — ☐

**활용 개념 2** 세 수의 크기 비교

• 2581, 3712, 3604의 크기 비교

| ① 천의 자리 수의 크기 비교 | ② 백의 자리 수의 크기 비교 |
|---|---|
| ┌─ 2<3 ─┐┌─ 3=3 ─┐ | ┌─ 7>6 ─┐ |
| **2581**　3712　3604 | 2581　**3712**　3604 |
| └→ 가장 작은 수 | └→ 가장 큰 수 |

3712 > 3604 > 2581

**04** 가장 작은 수를 찾아 ○표 하세요.

2856　　3741　　2892

**05** 어느 과일 가게에서 사과 1624개, 배 1685개, 귤 1039개를 팔았습니다. 가장 많이 팔린 과일은 무엇일까요?

(　　　　　　　)

네 자리 수

# IO개가 되면 한 자리 올리자.

**유형 솔루션**

| | 천 | 백 | 십 | 일 |
|---|---|---|---|---|
| 100이 2개 → | | 2 | 0 | 0 |
| 100이 10개 → | 1 | 0 | 0 | 0 |
| 100이 12개 → | 1 | 2 | 0 | 0 |

→ 1000이 1개, 100이 2개인 수와 같습니다.

**대표 유형 01**

다음이 나타내는 수를 구하세요.

> 1000이 3개, 100이 16개, 10이 7개, 1이 8개인 수

**풀이**

1000이   3개 → ☐ ☐ ☐ ☐

100이 16개 → ☐ ☐ ☐ ☐ → 1000이 1개, 100이 6개인 수와 같습니다.

10이   7개 → ☐ ☐

1이   8개 → ☐

☐ ☐ ☐ ☐

답 _____

**예제** 다음이 나타내는 수를 구하세요.

> 1000이 6개, 100이 3개, 10이 17개, 1이 2개인 수

(                    )

>> 정답 및 풀이 1~2쪽

**01-1** 다음이 나타내는 수를 읽어 보세요.
**변형**

> 1000이 2개, 100이 14개, 10이 11개, 1이 7개인 수

읽기 _____

**01-2** 1000이 4개, 100이 28개, 10이 4개, 1이 13개인 네 자리 수가 있습니
**변형** 다. 이 수의 천의 자리 숫자는 무엇일까요?

(            )

**01-3** 수영이는 1000원짜리 지폐 5장, 100원짜리 동전 19개, 10원짜리 동전
**변형** 4개를 가지고 있습니다. 수영이가 가지고 있는 돈은 모두 얼마일까요?

(            )

**01-4** 주아의 저금통에는 1000원짜리 지폐 3장, 100원짜리 동전 38개, 10원
**발전** 짜리 동전 20개가 들어 있습니다. 저금통에 들어 있는 돈으로 8000원짜리
인형을 사려고 할 때 부족한 돈은 얼마일까요?

(            )

**1**

네
자
리
수

# 0은 맨 앞자리에 올 수 없다.

• 3 , 7 , 0 , 1 로 가장 작은 네 자리 수 만들기

0 < 1 < 3 < 7

→ 가장 작은 네 자리 수: ~~0137~~  ⟨1037⟩

**대표 유형**
## 02

4장의 수 카드를 한 번씩만 사용하여 네 자리 수를 만들려고 합니다. 만들 수 있는 수 중에서 가장 작은 수를 구하세요.

| 8 | 0 | 2 | 5 |

**풀이**

❶ 수 카드의 수의 크기 비교: 0<2< ☐ < ☐

❷ 0은 천의 자리에 올 수 없으므로 천의 자리에 두 번째로 작은 수인 ☐ 을/를 놓은 후 작은 수부터 차례대로 놓습니다.

→ 가장 작은 네 자리 수: ☐☐☐☐

답 _____

**예제** 4장의 수 카드를 한 번씩만 사용하여 네 자리 수를 만들려고 합니다. 만들 수 있는 수 중에서 가장 작은 수를 구하세요.

| 1 | 4 | 6 | 0 |

(        )

**02-1**
**변형**
4장의 수 카드를 한 번씩만 사용하여 네 자리 수를 만들려고 합니다. 만들 수 있는 수 중에서 두 번째로 큰 수를 구하세요.

| 9 | 0 | 8 | 5 |

(                    )

**02-2**
**변형**
5장의 수 카드 중 4장을 골라 한 번씩만 사용하여 네 자리 수를 만들려고 합니다. 만들 수 있는 수 중에서 백의 자리 숫자가 3인 가장 작은 수를 구하세요.

| 6 | 9 | 0 | 3 | 7 |

(                    )

**02-3**
**발전**
5장의 수 카드 중 4장을 골라 한 번씩만 사용하여 네 자리 수를 만들려고 합니다. 만들 수 있는 수 중에서 8400보다 큰 수는 모두 몇 개일까요?

| 4 | 2 | 5 | 0 | 8 |

(                    )

네 자리 수

1

# 높은 자리부터 차례대로 수를 비교하자.

• 네 자리 수 48□7, 435□, 5□28의 크기 비교

① 천의 자리 수 비교 ———————— 가장 큰 수

48□7    435□    5□28 → 5□28 > 48□7 > 435□

② 백의 자리 수 비교

## 대표 유형 03

큰 수부터 차례대로 기호를 써 보세요. (단, □ 안에는 0부터 9까지의 수가 들어갈 수 있습니다.)

> ㉠ 32□0    ㉡ 37□6    ㉢ 4□35

**풀이**

❶ 천의 자리 수를 비교하면 □ > □ 이므로 ㉢이 가장 큽니다.

❷ 천의 자리 수가 같은 ㉠과 ㉡의 백의 자리 수를 비교하면

□ < □ 이므로 □ 이 가장 작습니다.

❸ 큰 수부터 차례대로 기호를 쓰면 □ , □ , □ 입니다.

답 _____

**예제** 큰 수부터 차례대로 기호를 써 보세요. (단, □ 안에는 0부터 9까지의 수가 들어갈 수 있습니다.)

> ㉠ 80□6    ㉡ 7□09    ㉢ 842□

(                    )

**03-1**
변형

작은 수부터 차례대로 기호를 써 보세요. (단, ☐ 안에는 0부터 9까지의 수가 들어갈 수 있습니다.)

| ㉠ 57☐5 | ㉡ 67☐☐ | ㉢ 630☐ |

( )

**03-2**
변형

세 사람이 하루 동안 걸은 걸음 수입니다. ☐ 안에는 0부터 9까지의 수가 들어갈 수 있을 때, 하루 동안 가장 많이 걸은 사람의 이름을 써 보세요.

| 진아 | 승빈 | 소윤 |
|---|---|---|
| 905☐걸음 | 9☐94걸음 | 83☐7걸음 |

( )

**03-3**
발전

네 사람이 한 줄넘기 수입니다. 줄넘기를 세영, 성민, 지연, 우종 순서로 많이 했다면 지연이는 줄넘기를 몇 개 했을까요? (단, 줄넘기 수는 네 자리 수입니다.)

| 세영 | 성민 | 지연 | 우종 |
|---|---|---|---|
| 198☐개 | 1☐72개 | 1☐☐3개 | ☐956개 |

( )

## ■원씩 저금한 돈은 ■씩 뛰어 세기로 구하자.

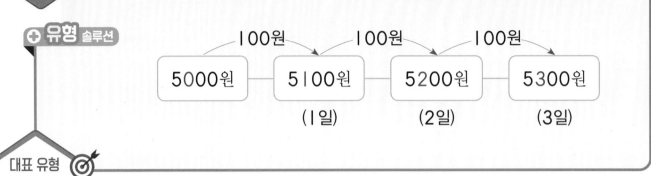

대표 유형
**04**

정아의 저금통에는 7200원이 들어 있습니다. 내일부터 매일 100원씩 4일 동안 저금한다면 저금통에 들어 있는 돈은 모두 얼마가 될까요?

**풀이**

❶ 내일부터 매일 100원씩 4일 동안 저금하므로 저금하는 횟수는 ☐ 번입니다.

❸ 저금통에 들어 있는 돈은 모두 ☐ 원이 됩니다.

답 _____

예제 ✔ 윤수의 저금통에는 2600원이 들어 있습니다. 내일부터 매일 100원씩 6일 동안 저금한다면 저금통에 들어 있는 돈은 모두 얼마가 될까요?

( )

>> 정답 및 풀이 **4~5**쪽

**04-1**
**변형**
송이의 저금통에는 1000원짜리 지폐 2장, 500원짜리 동전 3개, 100원짜리 동전 8개가 들어 있습니다. 내일부터 매일 100원씩 5일 동안 저금한다면 저금통에 들어 있는 돈은 모두 얼마가 될까요?

(                      )

**04-2**
**변형**
성천이의 지갑에는 6100원이 들어 있습니다. 내일부터 매일 100원씩 4일 동안 지갑에 있는 돈으로 간식을 사 먹는다면 지갑에 남아 있는 돈은 얼마가 될까요?

(                      )

**04-3**
**변형**
호식이의 저금통에는 3월에 2840원이 들어 있었습니다. 4월부터 10월까지 매달 1000원씩 저금한다면 저금통에 들어 있는 돈은 모두 얼마가 될까요?

(                      )

**04-4**
**발전**
민정이의 저금통에는 6월에 1700원이 들어 있었습니다. 7월부터 매달 1000원씩 저금한다면 저금통에 들어 있는 돈이 7700원이 되는 달은 몇 월일까요?

(                      )

**1**

네 자리 수

# □의 바로 아랫자리까지 비교하자.

**유형 솔루션**

· 528 I > 5 □ 36에서 □ 안에 들어갈 수 있는 수 구하기

|   5 2 8 l    →    5 2 8 l    →    5 2 8 l   |

5 □ 36

같습니다.

□=0, I

□=0, I, 2

**대표 유형 05**

0부터 9까지의 수 중에서 ■에 들어갈 수 있는 수를 모두 구하세요.

$$2839 > 28■0$$

**풀이**

❶ 천의 자리, 백의 자리 수가 각각 같고, 십의 자리 수를 비교하면

3>■이므로 ■에 들어갈 수 있는 수는 0, □, □ 입니다.

❷ ■=3일 때 2839>2830이므로 ■에는 □ 도 들어갈 수 있습니다.

❸ ■에 들어갈 수 있는 수: 0, □, □, □

답 _____

**예제** 0부터 9까지의 수 중에서 □ 안에 들어갈 수 있는 수를 모두 구하세요.

$$4746 < 4□32$$

(                    )

**05-1**
**변형**
0부터 9까지의 수 중에서 ☐ 안에 들어갈 수 있는 가장 큰 수를 구하세요.

$$2\boxed{\phantom{0}}91 < 2573$$

(                    )

**05-2**
**변형**
0부터 9까지의 수 중에서 ☐ 안에 공통으로 들어갈 수 있는 수를 모두 구하세요.

$$3172 > 31\boxed{\phantom{0}}6$$
$$8\boxed{\phantom{0}}54 > 8509$$

(                    )

**05-3**
**발전**
네 자리 수 ▲234와 68▲7에서 ▲는 서로 같은 수입니다. ▲에 들어갈 수 있는 수는 모두 몇 개일까요?

$$▲234 > 68▲7$$

(                    )

# 뛰어 세기 전의 수를 구하려면 거꾸로 뛰어 세자.

유형 솔루션

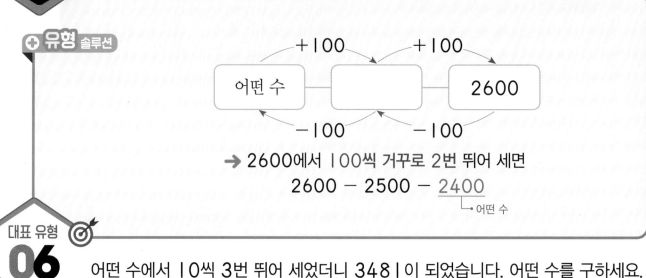

→ 2600에서 100씩 거꾸로 2번 뛰어 세면
2600 − 2500 − 2400
└─ 어떤 수

대표 유형
**06**

어떤 수에서 10씩 3번 뛰어 세었더니 3481이 되었습니다. 어떤 수를 구하세요.

풀이

❶ 어떤 수는 3481에서 10씩 거꾸로 [ ]번 뛰어 센 수입니다.

❷ 3481에서 10씩 거꾸로 [ ]번 뛰어 세면

| 3481 | 3471 | | |

❸ 어떤 수는 [ ] 입니다.

답 _____

예제 ✔ 어떤 수에서 10씩 4번 뛰어 세었더니 5763이 되었습니다. 어떤 수를 구하세요.

( )

>> 정답 및 풀이 6쪽

**06-1**
**변형**
어떤 수에서 100씩 3번 뛰어 세었더니 7142가 되었습니다. 어떤 수를 구하세요.

(            )

**06-2**
**변형**
어떤 수에서 10씩 5번 뛰어 세었더니 1000이 8개, 100이 3개, 10이 6개, 1이 4개인 수가 되었습니다. 어떤 수를 구하세요.

(            )

**06-3**
**변형**
어떤 수에서 1000씩 4번 뛰어 세면 5389가 됩니다. 어떤 수에서 100씩 2번 뛰어 센 수를 구하세요.

(            )

**06-4**
**발전**
어떤 수에서 10씩 5번 뛰어 세어야 하는데 잘못하여 100씩 5번 뛰어 세었더니 2814가 되었습니다. 바르게 뛰어 센 수를 구하세요.

(            )

## 유형 변형

# 조건을 만족하는 수를 차례대로 찾자.

**➕ 유형 솔루션**

① 네 자리 수입니다.

② 3000보다 크고 4000보다 작은 수입니다.
  └→ 천의 자리 숫자가 3

③ 백의 자리 숫자는 6, 일의 자리 숫자는 1입니다.

④ 십의 자리 숫자는 50을 나타냅니다.
  └→ 십의 자리 숫자가 5

|   |   |   |   |
|---|---|---|---|
| | | | |

↓

| 3 | | | |
|---|---|---|---|

↓

| 3 | 6 | | 1 |
|---|---|---|---|

↓

| 3 | 6 | 5 | 1 |
|---|---|---|---|

## 대표 유형 07

**조건** 을 만족하는 네 자리 수를 구하세요.

> **조건**
> • 7000보다 크고 8000보다 작은 수입니다.
> • 백의 자리 숫자는 3입니다.
> • 십의 자리 숫자는 90을 나타냅니다.
> • 일의 자리 숫자는 백의 자리 숫자보다 2만큼 더 큽니다.

**풀이**

❶ 7000보다 크고 8000보다 작으므로 천의 자리 숫자는 ☐ 입니다.

❷ 십의 자리 숫자가 90을 나타내므로 십의 자리 숫자는 ☐ 입니다.

❸ 백의 자리 숫자는 ☐ (이)고,

일의 자리 숫자는 백의 자리 숫자보다 2만큼 더 크므로 ☐ +2= ☐ 입니다.

❹ 조건을 만족하는 네 자리 수: ☐ ☐ ☐ ☐

답 _____

예제✔ 조건을 만족하는 네 자리 수를 구하세요.

> 조건
> - 5000보다 크고 6000보다 작은 수입니다.
> - 백의 자리 숫자는 800을 나타냅니다.
> - 십의 자리 숫자는 2입니다.
> - 일의 자리 숫자는 십의 자리 숫자보다 4만큼 더 큽니다.

(        )

## 07-1

변형

조건을 만족하는 네 자리 수를 구하세요.

> 조건
> - 8000보다 크고 9000보다 작은 수입니다.
> - 일의 자리 숫자는 6을 나타냅니다.
> - 십의 자리 숫자는 천의 자리 숫자보다 3만큼 더 작습니다.
> - 각 자리 숫자의 합은 20입니다.

(        )

## 07-2

발전

조건을 만족하는 네 자리 수는 모두 몇 개일까요?

> 조건
> - 1840보다 크고 2005보다 작은 수입니다.
> - 백의 자리 숫자와 십의 자리 숫자가 같습니다.

(        )

1

네 자리 수

# 100원, 500원짜리 동전으로 1000원을 만들자.

 =  =

| 100원짜리<br>동전 10개 | 500원짜리<br>동전 2개 | 1000원짜리<br>지폐 1장 |
|---|---|---|

대표 유형

## 08

필통 한 개의 가격은 3000원입니다. 수현이가 가지고 있는 돈이 다음과 같을 때, 필통 한 개를 사고 가격에 맞게 돈을 낼 수 있는 방법은 모두 몇 가지일까요?

| 1000원짜리 지폐 | 500원짜리 동전 | 100원짜리 동전 |
|---|---|---|
| 3장 | 2개 | 10개 |

풀이

❶ 1000원짜리 지폐를 3장, 2장, 1장 사용하는 경우로 나누어 알아봅니다.

| 1000원짜리 지폐 | 3장 | 2장 | 2장 | 2장 | 1장 |
|---|---|---|---|---|---|
| 500원짜리 동전 | · | | 1개 | · | |
| 100원짜리 동전 | · | · | | 10개 | 10개 |

❷ 돈을 낼 수 있는 방법은 모두 ☐ 가지입니다.

답 _____

예제✔ 사진첩 한 개의 가격은 4000원입니다. 동주가 가지고 있는 돈이 다음과 같을 때 사진첩 한 개를 사고 가격에 맞게 돈을 낼 수 있는 방법은 모두 몇 가지일까요?

| 1000원짜리 지폐 | 500원짜리 동전 | 100원짜리 동전 |
|---|---|---|
| 3장 | 2개 | 10개 |

( )

**08-1** 공책 한 권의 가격은 2000원입니다. 연서가 가지고 있는 돈이 다음과 같을 때,
**변형** 공책 한 권을 사고 가격에 맞게 돈을 낼 수 있는 방법은 모두 몇 가지일까요?

| 1000원짜리 지폐 | 500원짜리 동전 | 100원짜리 동전 |
|:---:|:---:|:---:|
| 2장 | 3개 | 10개 |

( )

**08-2** 김밥 한 줄의 가격은 3000원입니다. 현주가 가지고 있는 돈이 다음과 같을
**변형** 때, 김밥 2줄을 사고 가격에 맞게 돈을 낼 수 있는 방법은 모두 몇 가지일까요?

| 1000원짜리 지폐 | 500원짜리 동전 | 100원짜리 동전 |
|:---:|:---:|:---:|
| 5장 | 2개 | 20개 |

( )

**08-3** 재혁이가 가지고 있는 돈이 다음과 같습니다. 동전을 15개까지만 사용할 수
**발전** 있을 때, 5000원을 만들 수 있는 방법은 모두 몇 가지일까요?

| 1000원짜리 지폐 | 500원짜리 동전 | 100원짜리 동전 |
|:---:|:---:|:---:|
| 5장 | 4개 | 15개 |

( )

◎ 대표 유형 **01**

**01** 다음이 나타내는 수를 읽어 보세요.

> 1000이 4개, 100이 17개, 10이 13개, 1이 9개인 수

Tip
100이 10개이면 1000,
10이 10개이면 100입니다.

풀이

읽기 _____

◎ 대표 유형 **03**

**02** 작은 수부터 차례대로 기호를 써 보세요. (단, ☐ 안에는 0부터 9까지의 수가 들어갈 수 있습니다.)

> ㉠ 6☐52    ㉡ 541☐    ㉢ 58☐9

Tip
네 자리 수의 크기를 비교할 때에는 천의 자리부터 차례대로 비교합니다.

풀이

답 _____

◎ 대표 유형 **04**

**03** 진아의 저금통에는 2170원이 들어 있습니다. 내일부터 매일 1000원씩 5일 동안 저금한다면 저금통에 들어 있는 돈은 모두 얼마가 될까요?

Tip
1000원씩 5일 동안 저금하므로 1000씩 5번 뛰어 셉니다.

풀이

답 _____

🎯 대표 유형 **02**

**04** 5장의 수 카드 중 4장을 골라 한 번씩만 사용하여 네 자리 수를 만들려고 합니다. 만들 수 있는 수 중에서 두 번째로 작은 수를 구하세요.

**Tip** 🔼

0은 천의 자리에 올 수 없습니다.

| I | 0 | 4 | 7 | 5 |

풀이

답 _____

🎯 대표 유형 **05**

**05** 0부터 9까지의 수 중에서 ☐ 안에 들어갈 수 있는 수는 모두 몇 개일까요?

64☐3>6472

풀이

답 _____

🎯 대표 유형 **06**

**06** 어떤 수에서 100씩 4번 뛰어 세면 4539가 됩니다. 어떤 수에서 10씩 3번 뛰어 센 수를 구하세요.

**Tip** 🔼

어떤 수에서 100씩 ■번 뛰어 세면 ▲가 됩니다.
➡ ▲에서 100씩 거꾸로 ■번 뛰어 세면 어떤 수가 됩니다.

풀이

답 _____

1 네 자 리 수

◎ 대표 유형 **08**

**07** 샌드위치 한 개의 가격은 2000원입니다. 우종이가 가지고 있는 돈이 다음과 같을 때, 샌드위치 2개를 사고 가격에 맞게 돈을 낼 수 있는 방법은 모두 몇 가지일까요?

Tip

내야 하는 돈은 샌드위치 2개의 가격입니다.

| 1000원짜리 지폐 | 500원짜리 동전 | 100원짜리 동전 |
|---|---|---|
| 4장 | 2개 | 15개 |

풀이

답 _____

◎ 대표 유형 **02**

**08** 4장의 수 카드를 한 번씩만 사용하여 네 자리 수를 만들려고 합니다. 십의 자리 숫자가 9인 수 중 6000보다 큰 수는 모두 몇 개 만들 수 있을까요?

Tip

천의 자리 숫자를 먼저 알아봅니다.

풀이

답 _____

**09** 네 자리 수의 크기를 비교한 것입니다. ㉠과 ㉡에 들어갈 수 있  는 두 수를 (㉠, ㉡)으로 나타낸다면 모두 몇 가지일까요?

⊙ 대표 유형 **05**

**Tip**
㉠에 들어갈 수 있는 수를 먼저 찾습니다.

$$63㉠7 > 638㉡$$

풀이

답 _____

⊙ 대표 유형 **07**

**10** [조건]을 만족하는 네 자리 수는 모두 몇 개일까요?

┌─ 조건 ─────────────────────┐
• 3000보다 크고 4000보다 작은 수입니다.
• 십의 자리 숫자와 일의 자리 숫자는 같습니다.
• 백의 자리 숫자는 천의 자리 숫자와 십의 자리 숫자의
  합과 같습니다.
└──────────────────────────┘

**Tip**
3000<☐<4000이므로 ☐를 만족하는 네 자리 수의 천의 자리 숫자는 3입니다.

풀이

답 _____

# 2

## 곱셈구구

## 2, 5, 3, 6단 곱셈구구

● 2단 곱셈구구

| × | 1 | 2 | 3 | 4 | 5 | 6 | 7 | 8 | 9 |
|---|---|---|---|---|---|---|---|---|---|
| 2 | 2 | 4 | 6 | 8 | 10 | 12 | 14 | 16 | 18 |

2단 **곱셈구구**에서 곱하는 수가 1씩 커지면 곱은 2씩 커집니다.

● 5단 곱셈구구

| × | 1 | 2 | 3 | 4 | 5 | 6 | 7 | 8 | 9 |
|---|---|---|---|---|---|---|---|---|---|
| 5 | 5 | 10 | 15 | 20 | 25 | 30 | 35 | 40 | 45 |

5단 **곱셈구구**에서 곱하는 수가 1씩 커지면 곱은 5씩 커집니다.

● 3단 곱셈구구

| × | 1 | 2 | 3 | 4 | 5 | 6 | 7 | 8 | 9 |
|---|---|---|---|---|---|---|---|---|---|
| 3 | 3 | 6 | 9 | 12 | 15 | 18 | 21 | 24 | 27 |

3단 **곱셈구구**에서 곱하는 수가 1씩 커지면 곱은 3씩 커집니다.

● 6단 곱셈구구

| × | 1 | 2 | 3 | 4 | 5 | 6 | 7 | 8 | 9 |
|---|---|---|---|---|---|---|---|---|---|
| 6 | 6 | 12 | 18 | 24 | 30 | 36 | 42 | 48 | 54 |

6단 **곱셈구구**에서 곱하는 수가 1씩 커지면 곱은 6씩 커집니다.

**01** 그림을 보고 ☐ 안에 알맞은 수를 써넣으세요.

$$2+2+2+2+2+2=\boxed{\phantom{00}} \quad \rightarrow \quad 2\times\boxed{\phantom{00}}=\boxed{\phantom{00}}$$

**02** ☐ 안에 알맞은 수를 써넣으세요.

(1) $5\times3=\boxed{\phantom{00}}$   (2) $3\times7=\boxed{\phantom{00}}$   (3) $6\times6=\boxed{\phantom{00}}$

**03** 곱의 크기를 비교하여 ◯ 안에 >, =, <를 알맞게 써넣으세요.

(1) $2\times8 \bigcirc 5\times4$   (2) $3\times9 \bigcirc 6\times5$

**활용 개념 1** ☐ 안에 알맞은 수 구하기

| | |
|---|---|
| $2 \times \boxed{} = 10$ | ① 2단 곱셈구구를 외워 곱이 10인 경우를 찾습니다.<br>$2 \times 1 = 2$, $2 \times 2 = 4$, $2 \times 3 = 6$, $2 \times 4 = 8$,<br>$2 \times 5 = 10$, ...<br>② $2 \times 5 = 10$이므로 ☐ $= 5$ |

**04** ☐ 안에 알맞은 수를 써넣으세요.

(1) $3 \times \boxed{} = 9$　　　(2) $5 \times \boxed{} = 35$　　　(3) $6 \times \boxed{} = 24$

**활용 개념 2** 곱셈을 이용하는 문장제 문제

> 구슬이 한 봉지에 3개씩 들어 있습니다. 4봉지에 들어 있는 구슬은 모두 몇 개일까요?

① 구하려는 것: 봉지에 들어 있는 전체 구슬 수
② 주어진 조건: 한 봉지에 3개씩, 4봉지
③ 해결하기: 식 $3 \times 4 = 12$　　답 12개

**05** 풍선이 한 봉지에 5개씩 들어 있습니다. 8봉지에 들어 있는 풍선은 모두 몇 개일까요?

식 _____　　답 _____

**06** 연필꽂이 한 개에 연필이 6자루씩 꽂혀 있습니다. 연필꽂이 7개에 꽂혀 있는 연필은 모두 몇 자루일까요?

식 _____　　답 _____

2

곱셈구구

# 4, 8, 7, 9단 곱셈구구

📜 **교과서 개념**

● **4단 곱셈구구**

| × | 1 | 2 | 3 | 4 | 5 | 6 | 7 | 8 | 9 |
|---|---|---|---|---|---|---|---|---|---|
| 4 | 4 | 8 | 12 | 16 | 20 | 24 | 28 | 32 | 36 |

4단 **곱셈구구**에서 곱하는 수가 1씩 커지면 곱은 4씩 커집니다.

● **8단 곱셈구구**

| × | 1 | 2 | 3 | 4 | 5 | 6 | 7 | 8 | 9 |
|---|---|---|---|---|---|---|---|---|---|
| 8 | 8 | 16 | 24 | 32 | 40 | 48 | 56 | 64 | 72 |

8단 **곱셈구구**에서 곱하는 수가 1씩 커지면 곱은 8씩 커집니다.

● **7단 곱셈구구**

| × | 1 | 2 | 3 | 4 | 5 | 6 | 7 | 8 | 9 |
|---|---|---|---|---|---|---|---|---|---|
| 7 | 7 | 14 | 21 | 28 | 35 | 42 | 49 | 56 | 63 |

7단 **곱셈구구**에서 곱하는 수가 1씩 커지면 곱은 7씩 커집니다.

● **9단 곱셈구구**

| × | 1 | 2 | 3 | 4 | 5 | 6 | 7 | 8 | 9 |
|---|---|---|---|---|---|---|---|---|---|
| 9 | 9 | 18 | 27 | 36 | 45 | 54 | 63 | 72 | 81 |

9단 **곱셈구구**에서 곱하는 수가 1씩 커지면 곱은 9씩 커집니다.

**01** 그림을 보고 ☐ 안에 알맞은 수를 써넣으세요.

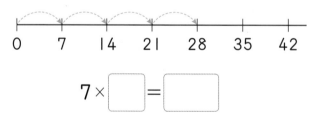

$$7 \times \boxed{\phantom{0}} = \boxed{\phantom{0}}$$

**02** ☐ 안에 알맞은 수를 써넣으세요.

(1) $4 \times 3 = \boxed{\phantom{0}}$　　　(2) $8 \times 2 = \boxed{\phantom{0}}$　　　(3) $9 \times 5 = \boxed{\phantom{0}}$

**03** 곱의 크기를 비교하여 ◯ 안에 >, =, <를 알맞게 써넣으세요.

(1) $4 \times 6$ ◯ $9 \times 3$　　　(2) $7 \times 9$ ◯ $8 \times 5$

**활용 개념 1** 곱셈구구를 이용해 그림 그리기

- 8단 곱셈구구 값의 일의 자리 숫자들을 차례대로 이어 그림 그리기

| × | 1 | 2 | 3 | 4 | 5 | 6 | 7 | 8 | 9 |
|---|---|---|---|---|---|---|---|---|---|
| 8 | 8 | 16 | 24 | 32 | 40 | 48 | 56 | 64 | 72 |

↓

$8 \rightarrow 6 \rightarrow 4 \rightarrow 2 \rightarrow 0 \rightarrow 8 \rightarrow 6 \rightarrow 4 \rightarrow 2$의
순서로 선을 잇습니다.

**04** 4단 곱셈구구 값의 일의 자리 숫자들을 차례대로 이어 그림을 그려 보세요.

**활용 개념 2** 수 카드를 이용하여 가장 큰(작은) 곱 구하기

- 4장의 수 카드 `4`, `5`, `9`, `6` 중에서 2장을 골라 곱 구하기

① 수 카드의 수의 크기 비교: $9 > 6 > 5 > 4$

② (가장 큰 곱)
 =(가장 큰 수)×(두 번째로 큰 수)
 =$9 \times 6 = 54$

(가장 작은 곱)
=(가장 작은 수)×(두 번째로 작은 수)
=$4 \times 5 = 20$

**05** 4장의 수 카드 `7`, `4`, `9`, `8` 중에서 2장을 골라 두 수의 곱을 구하려고 합니다. 가장 큰 곱과 가장 작은 곱을 각각 구하세요.

가장 큰 곱 (      )

가장 작은 곱 (      )

**2** 곱셈구구

# 1단 곱셈구구와 0의 곱, 곱셈표

### 1단 곱셈구구

| × | 1 | 2 | 3 | 4 | 5 | 6 | 7 | 8 | 9 |
|---|---|---|---|---|---|---|---|---|---|
| 1 | 1 | 2 | 3 | 4 | 5 | 6 | 7 | 8 | 9 |

1과 어떤 수의 곱은 항상 어떤 수가 됩니다.

$$1 \times (어떤 수) = (어떤 수)$$

### 0의 곱

- 0과 어떤 수의 곱은 항상 0입니다.
- 어떤 수와 0의 곱은 항상 0입니다.

$$0 \times (어떤 수) = 0, \ (어떤 수) \times 0 = 0$$

예 $0 \times 8 = 0$, $4 \times 0 = 0$

### 곱셈표

| × | 1 | 2 | 3 | 4 | 5 | 6 | 7 |
|---|---|---|---|---|---|---|---|
| 1 | 1 | 2 | 3 | 4 | 5 | 6 | 7 |
| 2 | 2 | 4 | 6 | 8 | 10 | 12 | 14 |
| 3 | 3 | 6 | 9 | 12 | 15 | 18 | 21 |
| 4 | 4 | 8 | 12 | 16 | 20 | 24 | 28 | ┐─4×7 |
| 5 | 5 | 10 | 15 | 20 | 25 | 30 | 35 |
| 6 | 6 | 12 | 18 | 24 | 30 | 36 | 42 |
| 7 | 7 | 14 | 21 | 28 | 35 | 42 | 49 |

└7×4

- 6단 곱셈구구에서는 곱이 6씩 커집니다.
- 4×7의 곱과 7×4의 곱은 같습니다.

---

**01** 그림을 보고 □ 안에 알맞은 수를 써넣으세요.

$$1 \times \boxed{\phantom{0}} = \boxed{\phantom{0}}$$

---

**02** 빈칸에 알맞은 수를 써넣으세요.

(1)

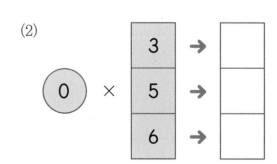

① × [ 2 → □ / 7 → □ / 9 → □ ]

(2)

⓪ × [ 3 → □ / 5 → □ / 6 → □ ]

**[03~04] 곱셈표를 보고, 물음에 답하세요.**

| × | 1 | 2 | 3 | 4 | 5 | 6 | 7 | 8 | 9 |
|---|---|---|---|---|---|---|---|---|---|
| 5 | 5 | 10 | 15 | 20 |  | 30 | 35 |  | 45 |
| 6 | 6 | 12 | 18 | 24 | 30 |  | 42 | 48 |  |
| 7 | 7 | 14 | 21 | 28 |  | 42 |  | 56 | 63 |
| 8 | 8 | 16 |  | 32 | 40 | 48 | 56 | 64 |  |
| 9 | 9 |  | 27 | 36 | 45 | 54 |  | 72 |  |

**03** 위 곱셈표를 완성하고 ☐ 안에 알맞은 수를 써넣으세요.

- 5단 곱셈구구에서는 곱이 ☐씩 커집니다.

- 곱이 7씩 커지는 곱셈구구는 ☐단 곱셈구구입니다.

**04** 곱셈표에서 $9 \times 6$과 곱이 같은 곱셈구구를 찾아 써 보세요.

☐ × ☐

---

**활용 개념 1** 두 수의 순서를 바꾸어 곱하기

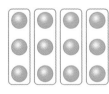

$3 \times 4 = 12$

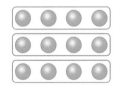

$4 \times 3 = 12$

곱하는 두 수의 순서를 서로 바꾸어도 곱이 같습니다.

**05** ☐ 안에 알맞은 수를 써넣으세요.

(1) $2 \times 7 = $ ☐ $\times 2$

(2) $6 \times 3 = 3 \times$ ☐

## 가로줄에 있는 수와 세로줄에 있는 수를 곱하자.

유형 솔루션

| × | 3 | 4 | 5 | 6 |
|---|---|---|---|---|
| 5 | | | ↑ | |
| 6 | ← | | | ㉠ |

→ ㉠=6×5=30

가로줄에 있는 수 ┘ └ 세로줄에 있는 수

**대표 유형 01**

오른쪽 곱셈표에서 ㉠과 ㉡에 알맞은 수 중 더 큰 수를 구하세요.

| × | 3 | 4 | 5 | 6 | 7 |
|---|---|---|---|---|---|
| 7 | | | | ㉠ | |
| 8 | | | | | |
| 9 | | ㉡ | | | |

**풀이**

❶

| × | 3 | 4 | 5 | 6 | 7 |
|---|---|---|---|---|---|
| 7 | ← | | | ㉠ | |
| 8 | | | | | |
| 9 | ← | ㉡ | | | |

㉠=7×□=□

㉡=□×4=□

❷ □>36이므로 더 큰 수는 □ 입니다.

답 _____

**예제** 오른쪽 곱셈표에서 ㉠과 ㉡에 알맞은 수 중 더 큰 수를 구하세요.

( )

| × | 1 | 2 | 3 | 4 | 5 |
|---|---|---|---|---|---|
| 3 | | | | | |
| 4 | | | | ㉠ | |
| 5 | | | ㉡ | | |

**01-1** 변형

곱셈표에서 ㉠, ㉡, ㉢에 알맞은 수 중 가장 큰 수를 구하세요.

| × | 4 | 5 | 6 | 7 | 8 | 9 |
|---|---|---|---|---|---|---|
| 5 |   |   |   |   |   |   |
| 6 |   |   |   |   | ㉠ |   |
| 7 |   |   |   | ㉡ |   |   |
| 8 |   | ㉢ |   |   |   |   |

(                    )

**01-2** 변형

곱셈표에서 ㉠과 ㉡에 알맞은 수의 합을 구하세요.

| × | 2 | 3 | 4 | 5 | 6 | 7 | 8 |
|---|---|---|---|---|---|---|---|
| 3 |   |   |   | ㉠ |   |   |   |
| 4 |   |   |   |   |   |   | ㉡ |

(                    )

**01-3** 발전

곱셈표에서 ㉠과 ㉡에 알맞은 수의 차를 구하세요.

| × | 3 | 4 | 5 | 6 | 7 | 8 |
|---|---|---|---|---|---|---|
| 4 |   |   |   |   |   |   |
| 5 |   |   |   | ㉠ |   |   |
|   |   | ㉡ |   |   |   | 48 |

(                    )

# 과녁판의 점수별로 맞힌 횟수와 곱하자.

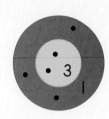

1점짜리: 3번 맞힘 → 1×3=3(점)
3점짜리: 2번 맞힘 → 3×2=6(점)
→ 3+6=9(점)

대표 유형
## 02

준호가 과녁맞히기 놀이를 하여 오른쪽과 같이 맞혔습니다.
준호가 얻은 점수는 모두 몇 점일까요?

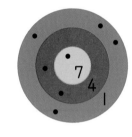

**풀이**

❶ 1점짜리를 맞혀서 얻은 점수: 1×4=☐(점)

4점짜리를 맞혀서 얻은 점수: 4×☐=☐(점)

7점짜리를 맞혀서 얻은 점수: 7×☐=☐(점)

❷ 준호가 얻은 점수: 4+☐+☐=☐(점)

답 _____

예제✔ 형민이가 과녁맞히기 놀이를 하여 오른쪽과 같이 맞혔습니다.
형민이가 얻은 점수는 모두 몇 점일까요?

(                    )

>> 정답 및 풀이 **11~12**쪽

**02-1** 수미가 과녁맞히기 놀이를 하여 오른쪽과 같이 맞혔습니
**변형** 다. 수미가 얻은 점수는 모두 몇 점일까요?

(                    )

**02-2** 재민이와 현주가 과녁맞히기 놀이를 하여 다음과 같이 맞혔습니다. 점수가 더
**변형** 높은 사람이 이긴다고 할 때, 이긴 사람은 누구일까요?

재민                    현주

(                    )

**02-3** 희원이가 과녁맞히기 놀이를 하여 오른쪽과 같이 맞혔습니
**발전** 다. 남은 화살은 1개이고, 얻은 점수가 정확히 40점이 되
려면 남은 화살을 몇 점에 맞혀야 할까요?

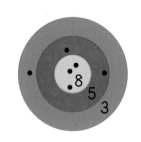

(                    )

2. 곱셈구구 • **43**

## 유형 변형 · 계산할 수 있는 곱셈부터 먼저 계산하자.

**유형 솔루션**

$$2 \times 6 = 3 \times \blacktriangle$$
$$\parallel$$
$$12$$

→ $3 \times \blacktriangle = 12$

같습니다.

**대표 유형 03**

■에 알맞은 수를 구하세요.

$$9 \times 2 = 6 \times \blacksquare$$

**풀이**

❶ $9 \times 2 = \boxed{\phantom{00}}$ 이므로 $6 \times \blacksquare = \boxed{\phantom{00}}$ 입니다.

❷ 6단 곱셈구구에서 $6 \times \boxed{\phantom{00}} = 18$이므로 $\blacksquare = \boxed{\phantom{00}}$ 입니다.

답 _____

**예제** ☐ 안에 알맞은 수를 구하세요.

$$3 \times 8 = 4 \times \boxed{\phantom{0}}$$

(            )

>> 정답 및 풀이 12~13쪽

**03-1** 다음 두 곱이 같을 때 ⬚ 안에 알맞은 수를 구하세요.
변형

$$6 \times 6 \qquad 9 \times ⬚$$

(              )

**03-2** 1부터 9까지의 수 중 ⬚ 안에 들어갈 수 있는 수를 모두 구하세요.
변형

$$7 \times 4 > 8 \times ⬚$$

(              )

**2**

곱셈구구

**03-3** 왼쪽 곱에서 오른쪽 곱을 빼면 4입니다. ⬚ 안에 알맞은 수를 구하세요.
발전

$$5 \times 5 \qquad 3 \times ⬚$$

(              )

# 곱셈과 덧셈 또는 뺄셈을 같이 이용하자.

5개씩 3바구니

(전체 감의 수)
=5×3=15(개)

(남은 감의 수)
=15-2=13(개)

감 2개를
먹었어요.

대표 유형
**04**

유리는 한 봉지에 8개씩 들어 있는 사탕을 4봉지 샀습니다. 그중에서 12개를 동생에게 주었습니다. 남은 사탕은 몇 개일까요?

**풀이**

❶ (전체 사탕 수)=(한 봉지에 들어 있는 사탕 수)×(봉지 수)

$$=8×\boxed{\phantom{0}}=\boxed{\phantom{00}}(개)$$

❷ (남은 사탕 수)=(전체 사탕 수)-(동생에게 준 사탕 수)

$$=\boxed{\phantom{00}}-12=\boxed{\phantom{00}}(개)$$

답 _____

예제 재혁이는 한 상자에 3봉지씩 들어 있는 과자를 9상자 샀습니다. 그중에서 8봉지를 친구들과 먹었습니다. 남은 과자는 몇 봉지일까요?

(            )

>> 정답 및 풀이 **13**쪽

**04-1**
변형

진아의 나이는 9살입니다. 어머니의 나이는 진아의 나이의 5배보다 2살 더 많습니다. 어머니의 나이는 몇 살일까요?

(          )

**04-2**
변형

도넛이 한 상자에 6개씩 7상자 있고, 머핀이 한 상자에 4개씩 2상자 있습니다. 도넛과 머핀은 모두 몇 개일까요?

(          )

**04-3**
변형

운동장에 남학생은 한 줄에 9명씩 7줄로 서 있고, 여학생은 한 줄에 8명씩 8줄로 서 있습니다. 운동장에 서 있는 학생 중 여학생은 남학생보다 몇 명 더 많을까요?

(          )

**04-4**
발전

자두가 26개 있습니다. 그중에서 호영, 민정, 주아가 각각 2개씩 먹고, 남은 자두를 한 봉지에 몇 개씩 모두 담았더니 5봉지가 되었습니다. 자두를 한 봉지에 몇 개씩 담았을까요?

(          )

**2**

곱셈구구

# 한 가지 모양이 있는 식부터 해결하자.

$$3 \times \blacksquare = 6 \quad \longrightarrow \quad \blacksquare = 2$$

$$4 \times \blacktriangle = 3\,\boxed{2} \quad \longrightarrow \quad \blacktriangle = 8$$

**대표 유형**
**05**

같은 모양은 같은 수를 나타낼 때 ■와 ▲에 알맞은 수를 각각 구하세요.

$$7 \times \blacksquare = 7$$
$$9 \times \blacktriangle = 8\blacksquare$$

풀이

❶ $7 \times \blacksquare = 7$에서 $7 \times \boxed{\phantom{0}} = 7$이므로 $\blacksquare = \boxed{\phantom{0}}$

❷ $9 \times \blacktriangle = 8\blacksquare$에서 $9 \times \blacktriangle = 8\boxed{\phantom{0}}$이고

$9 \times \boxed{\phantom{0}} = 81$이므로 $\blacktriangle = \boxed{\phantom{0}}$

답 ■: _____, ▲: _____

예제 같은 모양은 같은 수를 나타낼 때 ■와 ▲에 알맞은 수를 각각 구하세요.

$$3 \times \blacksquare = 12$$
$$5 \times \blacktriangle = \blacksquare 0$$

■ (               ), ▲ (             )

≫ 정답 및 풀이 **13~14**쪽

**05-1**
변형

같은 모양은 같은 수를 나타낼 때 ●와 ◆에 알맞은 수를 각각 구하세요.

$$●+●=14$$
$$3×◆=2●$$

● (               ), ◆ (            )

**05-2**
변형

같은 모양은 같은 수를 나타낼 때 ◆＋▲의 값을 구하세요.

$$◆×◆=2◆$$
$$◆×▲=15$$

(            )

**2**

곱셈구구

**05-3**
발전

같은 모양은 같은 수를 나타낼 때 ■에 알맞은 수를 구하세요. (단, ★, ■, ●는 서로 다른 한 자리 수입니다.)

$$★+★+★+★+★+★=4★$$
$$■×●=★$$
$$■-●=2$$

(            )

## 예상하고 확인하여 해결하자.

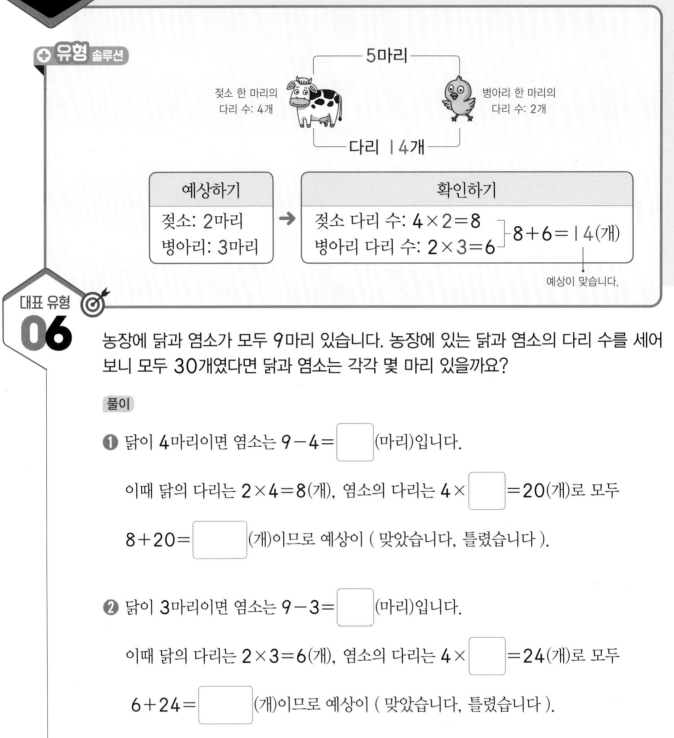

**유형 솔루션**

┌─────── 5마리 ───────┐

젖소 한 마리의
다리 수: 4개

병아리 한 마리의
다리 수: 2개

└─── 다리 14개 ───┘

| 예상하기 | 확인하기 |
|---|---|
| 젖소: 2마리<br>병아리: 3마리 | 젖소 다리 수: $4 \times 2 = 8$<br>병아리 다리 수: $2 \times 3 = 6$ ⎫ $8 + 6 = 14$(개) |

예상이 맞습니다.

**대표 유형 06**

농장에 닭과 염소가 모두 9마리 있습니다. 농장에 있는 닭과 염소의 다리 수를 세어 보니 모두 30개였다면 닭과 염소는 각각 몇 마리 있을까요?

**풀이**

❶ 닭이 4마리이면 염소는 $9 - 4 = \boxed{\phantom{00}}$(마리)입니다.

이때 닭의 다리는 $2 \times 4 = 8$(개), 염소의 다리는 $4 \times \boxed{\phantom{00}} = 20$(개)로 모두

$8 + 20 = \boxed{\phantom{00}}$(개)이므로 예상이 ( 맞았습니다, 틀렸습니다 ).

❷ 닭이 3마리이면 염소는 $9 - 3 = \boxed{\phantom{00}}$(마리)입니다.

이때 닭의 다리는 $2 \times 3 = 6$(개), 염소의 다리는 $4 \times \boxed{\phantom{00}} = 24$(개)로 모두

$6 + 24 = \boxed{\phantom{00}}$(개)이므로 예상이 ( 맞았습니다, 틀렸습니다 ).

❸ 농장에 있는 닭은 $\boxed{\phantom{00}}$마리, 염소는 $\boxed{\phantom{00}}$마리입니다.

**답** 닭: _____ , 염소: _____

>> 정답 및 풀이 14~15쪽

예제✓ 농장에 소와 오리가 모두 12마리 있습니다. 농장에 있는 소와 오리의 다리 수를 세어 보니 모두 34개였다면 소와 오리는 각각 몇 마리 있을까요?

소 (                    ), 오리 (                    )

06-1
변형 자전거 보관소에 두발자전거와 세발자전거가 모두 13대 있습니다. 자전거 보관소에 있는 두발자전거와 세발자전거의 바퀴 수를 세어 보니 모두 31개였다면 두발자전거는 세발자전거보다 몇 대 더 많을까요?

(                    )

06-2
발전 농장에 양, 토끼, 거위가 모두 22마리 있습니다. 농장에 있는 양, 토끼, 거위의 다리 수를 세어 보니 모두 74개였습니다. 토끼가 6마리일 때 양과 거위는 각각 몇 마리 있을까요?

양 (                    ), 거위 (                    )

# 조건을 만족하는 수를 차례대로 찾자.

| 5단 곱셈구구의 값입니다. | 5, 10, 15, 20, 25, ... |
| --- | --- |
| ↓ | |
| $\underline{3 \times 6}$보다 작습니다.<br>└18 | 5, 10, 15 |
| ↓ | |
| 2단 곱셈구구의 값에도 있습니다. | 10<br>└ $2 \times 5 = 10$ |

대표 유형

# 07

조건 을 만족하는 수를 구하세요.

> **조건**
> · 7단 곱셈구구의 값입니다.
> · 4×8보다 작습니다.
> · 3단 곱셈구구의 값에도 있습니다.

풀이

❶ 7단 곱셈구구의 값은

7, 14, 21, ☐, ☐, ☐, ...입니다.

❷ ❶의 수 중에서 4×8= ☐ 보다 작은 수는

7, 14, 21, ☐ 입니다.

❸ ❷의 수 중에서 3단 곱셈구구의 값에도 있는 수는 3×7= ☐ 입니다.

→ 조건을 만족하는 수: ☐

답 _____

**예제** ✔ **조건** 을 만족하는 수를 구하세요.

> **조건**
> - 8단 곱셈구구의 값입니다.
> - 5×5보다 작습니다.
> - 6단 곱셈구구의 값에도 있습니다.

(                    )

## 07-1 **조건** 을 만족하는 수를 구하세요.

**변형**

> **조건**
> - 6단 곱셈구구의 값입니다.
> - 9×3보다 크고 5×8보다 작습니다.
> - 4단 곱셈구구의 값에도 있습니다.

(                    )

## 07-2 **조건** 을 만족하는 수는 모두 몇 개일까요?

**변형**

> **조건**
> - 9단 곱셈구구의 값입니다.
> - 3×7보다 크고 8×8보다 작습니다.
> - 6단 곱셈구구의 값에도 있습니다.

(                    )

**2**

곱셈구구

# 알 수 있는 것부터 차례대로 구하자.

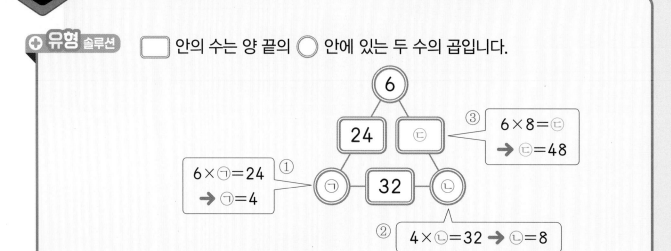

+ 유형 솔루션  ☐ 안의 수는 양 끝의 ◯ 안에 있는 두 수의 곱입니다.

대표 유형 🎯
## 08

오른쪽 그림에서 ☐ 안의 수는 양 끝의 ◯ 안에 있는
두 수의 곱입니다. ㉢에 알맞은 수를 구하세요.

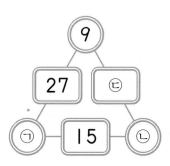

풀이

❶ 9×㉠=27에서 9×☐=27이므로 ㉠=☐

❷ ☐×㉡=15에서 ☐×☐=15이므로 ㉡=☐

❸ 9×☐=㉢에서 9×☐=☐이므로 ㉢=☐

답 _____

예제✔ 오른쪽 그림에서 ☐ 안의 수는 양 끝의 ◯ 안에 있는
두 수의 곱입니다. ㉠에 알맞은 수를 구하세요.

(              )

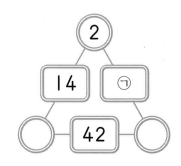

>> 정답 및 풀이 **15~16**쪽

**08-1** 그림에서 ⬚ 안의 수는 양 끝의 ◯ 안에 있는 두 수의 곱입니다. 빈칸에
**변형** 알맞은 수를 써넣으세요.

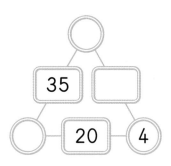

**08-2** 그림에서 ⬚ 안의 수는 양 끝의 ◯ 안에 있는 두 수의 곱입니다. 빈칸에
**변형** 알맞은 수를 써넣으세요.

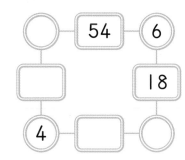

**08-3** 그림에서 ⬚ 안의 수는 양 끝의 ◯ 안에 있는 두 수의 곱입니다. 빈칸에
**발전** 알맞은 수를 써넣으세요.

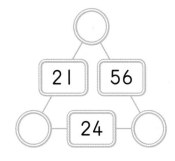

◎ 대표 유형 01

**01** 곱셈표에서 ⊙과 ⓒ에 알맞은 수의 합을 구하세요.

| × | 1 | 2 | 3 | 4 | 5 | 6 | 7 |
|---|---|---|---|---|---|---|---|
| 6 |   |   | ⊙ |   |   |   |   |
| 7 |   |   |   |   |   |   | ⓒ |

풀이

답 _____

◎ 대표 유형 02

**02** 우종이가 과녁맞히기 놀이를 하여 오른쪽과 같이 맞혔습니다. 우종이가 얻은 점수는 모두 몇 점일까요?

Tip

먼저 과녁판의 점수별로 맞힌 횟수를 세어 봅니다.

풀이

답 _____

◎ 대표 유형 04

**03** 한 개에 4명씩 앉을 수 있는 긴 의자가 9개 있습니다. 이 긴 의자에 주혁이네 반 학생 19명이 앉았다면 몇 명이 더 앉을 수 있을까요?

Tip

긴 의자 1개에 4명씩 앉을 수 있으므로 4단 곱셈구구를 이용합니다.

풀이

답 _____

**04** 1부터 9까지의 수 중 ☐ 안에 들어갈 수 있는 수는 모두 몇 개일까요?

⌖ 대표 유형 **03**

$$5 \times 5 < 9 \times \boxed{\phantom{0}}$$

Tip

5×5를 먼저 계산합니다.

풀이

답 _____

**05** 같은 모양은 같은 수를 나타낼 때 ■+▲의 값을 구하세요.

⌖ 대표 유형 **05**

$$■ \times ■ = 3■$$
$$■ \times ▲ = 24$$

Tip

■의 값을 먼저 구합니다.

풀이

답 _____

**06** 풍선을 남규는 7개씩 6묶음 가지고 있고, 윤희는 5개씩 8묶음 가지고 있습니다. 누가 풍선을 몇 개 더 많이 가지고 있을까요?

⌖ 대표 유형 **04**

Tip

남규와 윤희가 가지고 있는 풍선 수를 각각 구하여 비교합니다.

풀이

답 _____ , _____

**2**

곱셈구구

◎ 대표 유형 **03**

**07** 왼쪽 곱에서 오른쪽 곱을 빼면 1입니다. ☐ 안에 알맞은 수를 구하세요.

Tip↑
(왼쪽 곱)−(오른쪽 곱)=1
→ (오른쪽 곱)+1=(왼쪽 곱)

$$4 \times \boxed{\phantom{0}}$$        $$9 \times 3$$

풀이

답 _____

◎ 대표 유형 **06**

**08** 미정이는 거미와 장수풍뎅이를 모두 **8**마리 키우고 있습니다. 미정이가 키우는 거미와 장수풍뎅이의 다리 수를 세어 보니 모두 **52**개였다면 장수풍뎅이는 거미보다 몇 마리 더 많을까요?

Tip↑
거미 한 마리의 다리는 8개, 장수풍뎅이 한 마리의 다리는 6개입니다.

풀이

답 _____

>> 정답 및 풀이 **17**쪽

◎ 대표 유형 **08**

**09** 그림에서 ☐ 안의 수는 양 끝의 ○ 안에 있는 두 수의 곱입니다. ㉠에 알맞은 수를 구하세요.

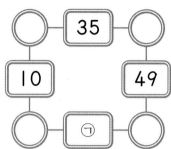

풀이

답 _____

◎ 대표 유형 **07**

**10** 조건 을 만족하는 수는 모두 몇 개일까요?

조건
- 4단 곱셈구구의 값입니다.
- 3×5를 두 번 더한 값보다 작습니다.
- 각 자리 숫자 중 하나는 2입니다.

풀이

답 _____

Tip
■를 두 번 더한 값은 ■+■입니다.

# 3

# 길이 재기

## 유형 변형 〔대표 유형〕

**01** 어림한 길이와 실제 길이의 차가 작은 것을 찾자.
실제 길이에 더 가깝게 어림한 사람 찾기

**02** cm 단위를 먼저 계산하자.
◯ 안에 알맞은 수 구하기

**03** 먼 거리에서 가까운 거리를 빼자.
거리 비교하기

**04** 겹치는 부분의 길이를 빼자.
수직선에서 길이 구하기

**05** ★ cm를 ◆번 더하자.
잰 횟수를 통해 길이 구하기

**06** 전체에서 나머지 변의 길이를 모두 빼자.
도형에서 한 변의 길이 구하기

# cm보다 더 큰 단위, 자로 길이 재기

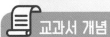 교과서 개념

**▶ 1 m 알아보기**

100 cm는 1 m와 같습니다.

└→ 1 cm로 100번, 10 cm로 10번 잰 길이입니다.

$$100\,cm = 1\,m$$

쓰기 1 m　　읽기 1 미터

**▶ 1 m보다 더 긴 길이**

· 130 cm는 1 m보다 30 cm 더 깁니다.
· 130 cm를 1 m 30 cm라고도 씁니다.
· 1 m 30 cm를 1 미터 30 센티미터라고 읽습니다.

$$130\,cm = 1\,m\ 30\,cm$$

**▶ 줄자를 사용하여 길이 재기**

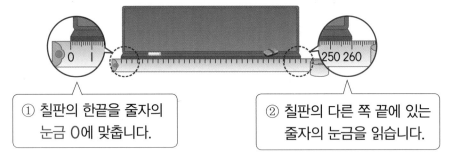

① 칠판의 한끝을 줄자의 눈금 0에 맞춥니다.

② 칠판의 다른 쪽 끝에 있는 줄자의 눈금을 읽습니다.

→ 눈금이 260이므로 칠판의 길이는 260 cm = 2 m 60 cm입니다.

---

**01** ☐ 안에 알맞게 써넣으세요.

4 m보다 70 cm 더 긴 길이 →

쓰기 ☐ m ☐ cm

읽기 4 ☐ 70 ☐

---

**02** ☐ 안에 알맞은 수를 써넣으세요.

(1) 3 m = ☐ cm

(2) 2 m 37 cm = ☐ cm

(3) 159 cm = ☐ m ☐ cm

(4) 617 cm = ☐ m ☐ cm

**03** cm와 m 중에서 알맞은 단위를 써넣으세요.

(1) 연필의 길이는 약 15 [ ] 입니다.

(2) 화장실 문의 높이는 약 200 [ ] 입니다.

(3) 코끼리의 몸길이는 약 6 [ ] 입니다.

**04** 줄넘기의 길이는 몇 m 몇 cm일까요?

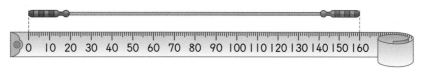

( )

**활용 개념** **1** **단위가 다른 경우 길이 비교하기**

· 단위가 다른 길이는 단위를 같게 바꾸어 비교합니다.
  예 3 m 25 cm와 350 cm의 길이 비교
  방법1 3 m 25 cm=325 cm이므로 | 방법2 350 cm=3 m 50 cm이므로
       325 cm<350 cm | 3 m 25 cm<3 m 50 cm

**05** 길이를 비교하여 ◯ 안에 >, =, <를 알맞게 써넣으세요.

(1) 852 cm ◯ 8 m 35 cm  (2) 217 cm ◯ 2 m 26 cm

**06** 길이가 짧은 것부터 차례대로 기호를 써 보세요.

ㄱ 347 cm   ㄴ 3 m 28 cm   ㄷ 438 cm

( )

# 길이의 합과 차

● **길이의 합**

    ⑩ 3 m 80 cm＋2 m 90 cm의 계산

```
              1
          3  m  80  cm
     ＋  2  m  90  cm
     ─────────────────
          6  m  70  cm
                    └→80＋90=170
```

● **길이의 차**

    ⑩ 6 m 10 cm－4 m 80 cm의 계산

```
              5       100
          6  m  10  cm
     －  4  m  80  cm
     ─────────────────
          1  m  30  cm
                    └→100＋10－80=30
```

→ 길이의 합과 차는 m는 m끼리, cm는 cm끼리 계산합니다.

**01** ☐ 안에 알맞은 수를 써넣으세요.

(1) 3 m 25 cm＋5 m 50 cm＝☐ m ☐ cm

(2) 9 m 50 cm－4 m 20 cm＝☐ m ☐ cm

**02** 계산해 보세요.

(1)
```
      4  m  60  cm
  ＋  3  m  80  cm
```

(2)
```
      5  m  70  cm
  －  2  m  90  cm
```

**03** 다음에서 설명하는 길이가 몇 cm인지 구하세요.

> 6 m 30 cm보다 5 m 40 cm만큼 더 짧은 길이

(                    )

>> 정답 및 풀이 **18**쪽

**활용 개념 1** 단위가 다른 길이의 합(차) 계산하기

- ★ cm를 ● m ◆ cm로 바꾸어 계산합니다.

  예 2 m 39 cm + 320 cm
  = 2 m 39 cm + 3 m 20 cm
  = 5 m 59 cm

  예 4 m 65 cm − 234 cm
  = 4 m 65 cm − 2 m 34 cm
  = 2 m 31 cm

**04** 두 길이의 합과 차는 각각 몇 m 몇 cm인지 구하세요.

| 350 cm 5 m 47 cm |

합 ( ), 차 ( )

**활용 개념 2** 길이의 합 또는 차를 활용한 문장제 문제

길이가 2 m 47 cm인 고무줄을 양쪽에서 잡아당겼더니 4 m 28 cm가 되었습니다. 늘어난 길이는 몇 m 몇 cm일까요?

→ (늘어난 길이) = (잡아당긴 후 고무줄의 길이) − (처음 고무줄의 길이)
= 4 m 28 cm − 2 m 47 cm = 1 m 81 cm

**05** 길이가 1 m 74 cm인 막대 2개를 겹치지 않게 이으면 몇 m 몇 cm가 될까요?

( )

**06** 희준이와 태영이가 이어달리기를 하였습니다. 희준이는 80 m 57 cm, 태영이는 70 m 45 cm를 달렸습니다. 두 친구가 달린 거리의 차는 몇 m 몇 cm일까요?

( )

# 길이 어림하기

● **몸의 일부를 이용하여 길이 어림하기** → 어림한 길이를 말할 때 숫자 앞에 약을 붙입니다.

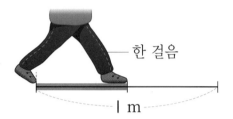

→ 1 m를 걸음으로 재어 보니
약 2걸음입니다.

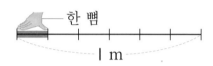

→ 1 m를 뼘으로 재어 보니
약 6뼘입니다.

(참고)
걸음은 뼘에 비해 긴 길이나 아래쪽에 있는 길이를 잴 때 좋습니다.

● **몸에서 1 m 찾아보기**

→ 발에서 어깨까지입니다.

→ 한쪽 손끝에서 다른 쪽 손목까지입니다.

● **생활 속 긴 길이를 다양한 방법으로 어림하기**

(예) 축구 골대의 긴 쪽의 길이 어림하기
양팔을 벌린 길이가 1 m이고 약 5번입니다.
한 걸음의 길이가 50 cm이고 약 10걸음입니다. ] → 축구 골대의 긴 쪽의 길이: 약 5 m

---

**01** 야구장의 긴 쪽의 길이를 몸의 일부를 이용하여 재려고 합니다. 다음 중 어느 부분으로 재는 것이 더 알맞은지 찾아 기호를 써 보세요.

┌─────────────────────┐
│  ㉠ 걸음        ㉡ 뼘  │
└─────────────────────┘

(                    )

>> 정답 및 풀이 **18**쪽

**02** 수진이의 양팔을 벌린 길이는 1 m입니다. 자동차의 길이는 약 몇 m일까요?

약 (            )

**03** 길이가 10 m보다 긴 것을 모두 찾아 기호를 써 보세요.

> ㉠ 칠판 짧은 쪽의 길이    ㉡ 기차의 길이
> ㉢ 줄넘기의 길이       ㉣ 구두의 길이
> ㉤ 8층 건물의 높이     ㉥ 한강 다리의 길이

(            )

**3**

길이 재기

**활용 개념 1** 길이를 어림하는 문장제 문제

> 1 m의 약 ●배 → 약 ● m
> ■ m의 약 ★배 → 약 (■×★) m

> 예 1 m의 약 2배 → 약 2 m
> 5 m의 약 3배 → 약 (5×3) m = 약 15 m

**04** 리본의 길이는 1 m입니다. 사물함의 길이가 리본의 길이의 약 4배일 때 사물함의 길이는 약 몇 m일까요?

약 (            )

**05** 사슴의 키는 2 m입니다. 기린의 키가 사슴의 키의 약 3배일 때 기린의 키는 약 몇 m일까요?

약 (            )

# 어림한 길이와 실제 길이의 차가 작은 것을 찾자.

**유형 솔루션**

• 1 m인 야구방망이의 길이에 더 가깝게 어림한 사람 찾기

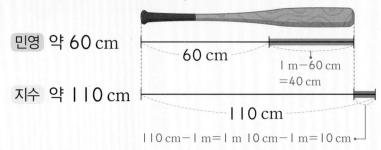

민영 약 60 cm

지수 약 110 cm

→ 10 cm<40 cm이므로 더 가깝게 어림한 사람은 **지수**입니다.

**대표 유형 01**

길이가 3 m인 색 테이프를 보고 어림한 것입니다. 실제 길이에 더 가깝게 어림한 사람은 누구일까요?

> 희영: 색 테이프의 길이는 약 2 m 80 cm야.
> 민수: 색 테이프의 길이는 약 3 m 25 cm야.

**풀이**

❶ 어림한 길이와 실제 길이의 차를 구하면

희영: 3 m−2 m 80 cm=□ cm, 민수: 3 m 25 cm−3 m=□ cm

❷ 20 cm ◯ 25 cm이므로 더 가깝게 어림한 사람은 □ 입니다.

답 _____

**예제** 길이가 2 m인 색 테이프를 보고 어림한 것입니다. 실제 길이에 더 가깝게 어림한 사람은 누구일까요?

> 소희: 색 테이프의 길이는 약 2 m 24 cm야.
> 태영: 색 테이프의 길이는 약 1 m 87 cm야.

( )

**01-1**
**변형**
길이가 5 m인 실을 보고 어림한 것입니다. 실제 길이에 더 가깝게 어림한 사람은 누구일까요?

> 주형: 실의 길이는 약 521 cm야.
> 서진: 실의 길이는 약 4 m 88 cm야.

(          )

**01-2**
**변형**
긴 쪽의 길이가 1 m 12 cm인 책상이 있습니다. 이 책상의 긴 쪽의 길이를 형준이는 약 108 cm, 채선이는 약 1 m 29 cm, 정희는 약 125 cm라고 어림하였습니다. 실제 길이에 가장 가깝게 어림한 사람은 누구일까요?

(          )

**3**

길이 재기

**01-3**
**발전**
가구의 긴 쪽의 길이를 다음과 같이 어림하고 자로 재었습니다. 자로 잰 길이에 가장 가깝게 어림한 가구는 무엇일까요?

| 가구 | 소파 | 옷장 | 침대 |
|------|------|------|------|
| 어림한 길이 | 약 1 m 65 cm | 약 2 m 78 cm | 약 2 m 30 cm |
| 자로 잰 길이 | 1 m 49 cm | 3 m 25 cm | 2 m |

(          )

# cm 단위를 먼저 계산하자.

$$\begin{array}{r} \boxed{㉠} \ \text{m} \ \boxed{20} \ \text{cm} \\ + \ 4 \ \text{m} \ \boxed{㉡} \ \text{cm} \\ \hline 8 \ \text{m} \ 70 \ \text{cm} \end{array} \rightarrow \begin{array}{r} \boxed{㉠} \ \text{m} \ 20 \ \text{cm} \\ + \ 4 \ \text{m} \ 50 \ \text{cm} \\ \hline 8 \ \text{m} \ 70 \ \text{cm} \end{array} \rightarrow \begin{array}{r} 4 \ \text{m} \ 20 \ \text{cm} \\ + \ 4 \ \text{m} \ 50 \ \text{cm} \\ \hline 8 \ \text{m} \ 70 \ \text{cm} \end{array}$$

$20+㉡=70, ㉡=50$

$㉠+4=8, ㉠=4$

## 대표 유형 02

㉠, ㉡에 알맞은 수를 각각 구하세요.

$$\begin{array}{r} 5 \ \text{m} \ \boxed{㉡} \ \text{cm} \\ + \ \boxed{㉠} \ \text{m} \ 60 \ \text{cm} \\ \hline 9 \ \text{m} \ 20 \ \text{cm} \end{array}$$

**풀이**

❶ cm 단위의 계산: ㉡+60=20이 되는 ㉡은 없으므로

$㉡+60=120$에서 $\boxed{\phantom{00}}-60=㉡$, $㉡=\boxed{\phantom{00}}$

❷ m 단위의 계산: 1+5+㉠=9에서 $\boxed{\phantom{00}}+㉠=9 \rightarrow 9-6=㉠$, $㉠=\boxed{\phantom{00}}$

답 ㉠: _____, ㉡: _____

**예제** ㉠, ㉡에 알맞은 수를 각각 구하세요.

$$\begin{array}{r} \boxed{㉠} \ \text{m} \ 63 \ \text{cm} \\ + \ 2 \ \text{m} \ \boxed{㉡} \ \text{cm} \\ \hline 7 \ \text{m} \ 15 \ \text{cm} \end{array}$$

㉠ ( ), ㉡ ( )

**02-1** □ 안에 알맞은 수를 써넣으세요.

변형

$$
\begin{array}{r}
\boxed{\phantom{0}}\ \text{m} \quad 44 \ \text{cm} \\
-\quad 5 \ \text{m} \quad \boxed{\phantom{0}}\ \text{cm} \\
\hline
3 \ \text{m} \quad 27 \ \text{cm}
\end{array}
$$

**02-2** ㉠, ㉡에 알맞은 수를 각각 구하세요.

변형

$$9\,\text{m}\ ㉠\,\text{cm} - ㉡\,\text{m}\ 15\,\text{cm} = 2\,\text{m}\ 26\,\text{cm}$$

㉠ (　　　　　　　　), ㉡ (　　　　　　　　)

**02-3** 같은 기호는 같은 수를 나타냅니다. ㉠, ㉡, ㉢, ㉣에 알맞은 수를 각각 구하세요.

발전

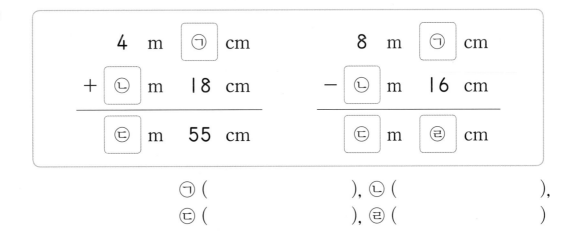

㉠ (　　　　　　　), ㉡ (　　　　　　　),
㉢ (　　　　　　　), ㉣ (　　　　　　　)

# 먼 거리에서 가까운 거리를 빼자.

• 집에서 어느 곳이 몇 m 더 먼지 구하기

① 50 m<60 m이므로 집에서 더 먼 곳은 학교입니다.
② (집~학교)−(집~도서관)=60 m−50 m=10 m

## 대표 유형 03

학교와 병원 중 도서관에서 어느 곳이 몇 m 몇 cm 더 멀까요?

**풀이**

❶ 26 m 12 cm ◯ 43 m 24 cm이므로

도서관에서 더 먼 곳은 ( 학교, 병원 )입니다.

❷ (도서관~병원)−(도서관~학교)=43 m 24 cm−26 m 12 cm

= ☐ m ☐ cm

답 _____, _____

**예제** 시장과 도서관 중 학교에서 어느 곳이 몇 m 몇 cm 더 멀까요?

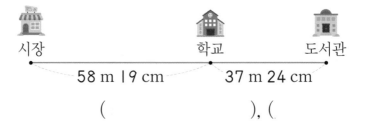

(        ), (        )

**03-1**

집에서 가장 먼 곳과 가장 가까운 곳의 거리의 차는 몇 m 몇 cm일까요?

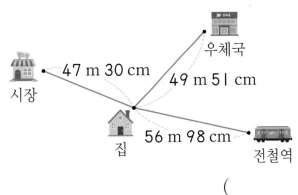

(                )

**03-2**
변형
서점에서 집으로 바로 가면 서점에서 학교를 거쳐 집으로 가는 것보다 몇 m 몇 cm 더 가까울까요?

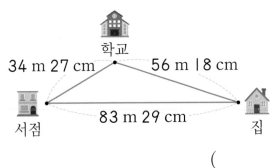

(                )

**03-3**
발전
도서관에서 체육관까지 가려고 합니다. 집과 버스정류장 중 어느 곳을 거쳐 가는 것이 몇 m 몇 cm 더 가까울까요?

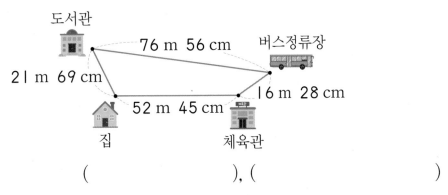

(       ), (          )

# 유형변형 겹치는 부분의 길이를 빼자.

➕ 유형 솔루션

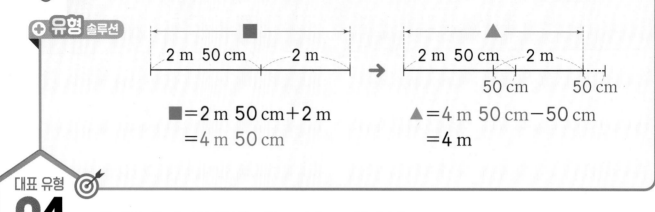

■=2 m 50 cm+2 m
=4 m 50 cm

▲=4 m 50 cm−50 cm
=4 m

대표 유형
**04**

㉠에서 ㉣까지의 길이는 몇 m 몇 cm일까요?

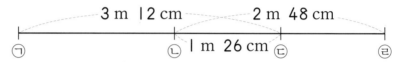

풀이

❶ (㉠에서 ㉢까지의 길이)+(㉡에서 ㉣까지의 길이)=3 m 12 cm+2 m 48 cm

= ☐ m ☐ cm

❷ (㉠에서 ㉣까지의 길이)=(❶에서 구한 길이)−(㉡에서 ㉢까지의 길이)

= ☐ m ☐ cm− ☐ m ☐ cm

= ☐ m ☐ cm

답 _____

예제 ㉠에서 ㉣까지의 길이는 몇 m 몇 cm일까요?

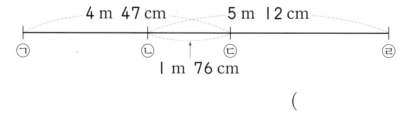

(         )

>> 정답 및 풀이 **21**쪽

**04-1**
변형

ⓒ에서 ㉡까지의 길이는 몇 m 몇 cm일까요?

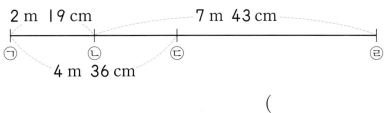

(                                    )

**04-2**
변형

㉠에서 ㉣까지의 길이가 8 m 21 cm일 때, ㉡에서 ㉢까지의 길이는 몇 m 몇 cm일까요?

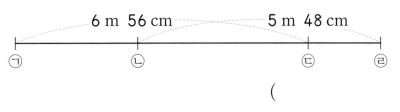

(                                    )

**04-3**
발전

㉯의 길이는 ㉮의 길이보다 5 m 28 cm 더 깁니다. ㉮의 길이가 7 m 61 cm일 때, ㉯의 길이는 몇 m 몇 cm일까요?

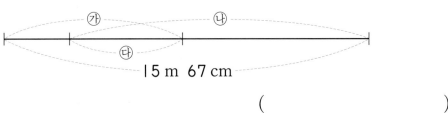

(                                    )

★ cm를 ◆번 더하자.

20 cm로 5번

↓

20 cm+20 cm+20 cm+20 cm+20 cm=100 cm=1 m
└──────── 5번 ────────┘

대표 유형
**05**

다음은 막대의 길이를 붓으로 잰 것입니다. 가와 나 막대의 길이의 합은 몇 m 몇 cm일까요?

- 가 막대: 길이가 10 cm인 붓으로 11번
- 나 막대: 길이가 20 cm인 붓으로 4번

풀이

❶ 가 막대의 길이: 10+10+⋯+10= ☐ (cm) ➡ 1 m ☐ cm
└──── 11번 ────┘

나 막대의 길이: 20+20+20+20= ☐ (cm)

❷ (가 막대의 길이)+(나 막대의 길이)

= 1 m ☐ cm+ ☐ cm= ☐ m ☐ cm

답 _____

예제 ✓ 다음은 막대의 길이를 우산으로 잰 것입니다. 가와 나 막대의 길이의 합은 몇 m 몇 cm일까요?

- 가 막대: 길이가 30 cm인 우산으로 4번
- 나 막대: 길이가 40 cm인 우산으로 3번

( _____ )

**05-1**
변형

다음은 색 테이프의 길이를 자로 잰 것입니다. 가와 나 색 테이프의 길이의 차는 몇 m 몇 cm일까요?

> • 가 색 테이프: 길이가 **40** cm인 자로 **2**번
> • 나 색 테이프: 길이가 **60** cm인 자로 **6**번

(                                    )

**05-2**
변형

다음은 칠판의 긴 쪽의 길이를 걸음으로, 짧은 쪽의 길이를 자로 잰 것입니다. 칠판의 긴 쪽과 짧은 쪽의 길이의 차는 몇 m 몇 cm일까요?

> • 칠판의 긴 쪽: 한 걸음의 길이가 **30** cm이고 걸음으로 **20**번
> • 칠판의 짧은 쪽: 길이가 **40** cm인 자로 **4**번

(                                    )

**05-3**
발전

어느 영화관 스크린의 긴 쪽의 길이는 길이가 l m 20 cm인 끈으로 4번 잰 길이보다 70 cm 더 길고, 짧은 쪽의 길이는 길이가 l m 50 cm인 끈으로 3번 잰 길이보다 80 cm 더 짧습니다. 스크린의 긴 쪽과 짧은 쪽의 길이의 차는 몇 m 몇 cm일까요?

(                                    )

**3**

길이 재기

# 전체에서 나머지 변의 길이를 모두 빼자.

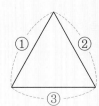

(삼각형의 세 변의 길이의 합)=■

➡ ③=■－①－②

### 대표 유형 06

오른쪽 삼각형의 세 변의 길이의 합은 824 cm입니다. 변 ㄴㄷ의 길이는 몇 m 몇 cm일까요?

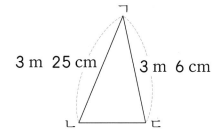

3 m 25 cm    3 m 6 cm

**풀이**

❶ 824 cm= ☐ m ☐ cm

❷ (변 ㄴㄷ의 길이)

= (삼각형의 세 변의 길이의 합)－(변 ㄱㄴ의 길이)－(변 ㄱㄷ의 길이)

= ☐ m ☐ cm－3 m 25 cm－3 m 6 cm

= ☐ m ☐ cm

답 _____

**예제✓** 오른쪽 삼각형의 세 변의 길이의 합은 520 cm입니다. 변 ㄱㄴ의 길이는 몇 m 몇 cm일까요?

(                    )

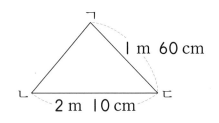

1 m 60 cm

2 m 10 cm

**06-1**
변형

사각형의 네 변의 길이의 합은 6 m 57 cm입니다. 변 ㄱㄴ의 길이는 몇 m 몇 cm일까요?

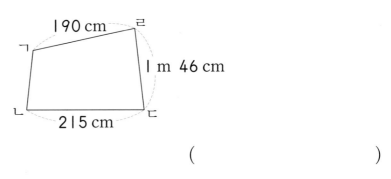

(             )

**06-2**
변형

마주 보는 두 변의 길이가 같은 사각형이 있습니다. 이 사각형의 네 변의 길이의 합은 13 m 34 cm입니다. 변 ㄱㄴ의 길이는 몇 m 몇 cm일까요?

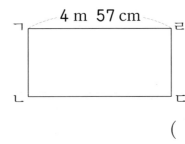

(             )

**06-3**
발전

철사를 겹치지 않게 구부려 마주 보는 두 변의 길이가 같은 사각형을 만들었다가 다시 펴서 삼각형을 만들었습니다. ㉠의 길이는 몇 m 몇 cm일까요?

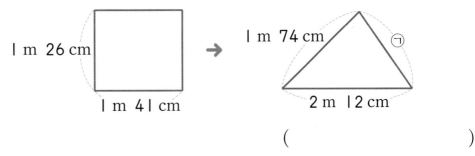

(             )

3

길이 재기

01   🎯 대표 유형 01

길이가 4 m인 끈을 보고 어림한 것입니다. 실제 길이에 더 가까게 어림한 사람은 누구일까요?

> 지우: 끈의 길이는 약 4 m 25 cm야.
> 현지: 끈의 길이는 약 3 m 77 cm야.

풀이

답 _____

Tip

어림한 길이와 실제 길이의 차가 작을수록 실제 길이에 더 가깝게 어림한 것입니다.

02   🎯 대표 유형 03

학교와 서점 중 병원에서 어느 곳이 몇 m 몇 cm 더 멀까요?

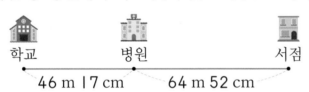

학교     병원     서점

46 m 17 cm     64 m 52 cm

풀이

답 _____ , _____

03   🎯 대표 유형 06

오른쪽 삼각형의 세 변의 길이의 합은 8 m 42 cm입니다. 변 ㄴㄷ의 길이는 몇 m 몇 cm일까요?

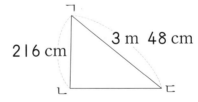

216 cm     3 m 48 cm

Tip

삼각형의 세 변의 길이의 합에서 나머지 두 변의 길이를 뺍니다.

풀이

답 _____

>> 정답 및 풀이 **23~24**쪽

**04** ◎ 대표 유형 **02** ☐ 안에 알맞은 수를 써넣으세요.

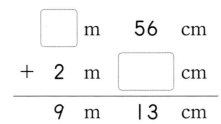

Tip ⇧
cm 단위부터 차례대로 계산합니다.

풀이

**05** ◎ 대표 유형 **04** ㉠에서 ㉣까지의 길이가 7 m 61 cm일 때, ㉡에서 ㉢까지의 길이는 몇 cm일까요?

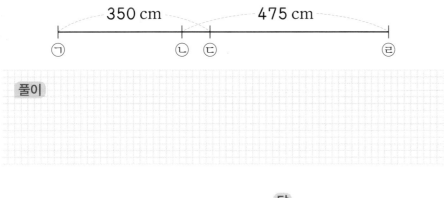

풀이

답 _____

**06** ◎ 대표 유형 **02** ♥, ♣에 알맞은 수를 각각 구하세요.

41 m ♥ cm − ♣ m 38 cm = 27 m 15 cm

Tip ⇧
세로셈으로 나타내 봅니다.

풀이

답 ♥ : _____ , ♣ : _____

**3**
길
이
재
기

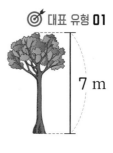

**07** 나무의 높이를 재어 보니 오른쪽과 같았습니다. 이 나무의 높이를 상호는 약 6 m 56 cm, 윤주는 약 674 cm, 다희는 약 7 m 13 cm 라고 어림하였습니다. 실제 높이에 가장 가깝게 어림한 사람은 누구일까요?

⊙ 대표 유형 01

7 m

풀이

답 _____

⊙ 대표 유형 04

**08** ㉠에서 ㉢까지의 길이는 몇 m 몇 cm일까요?

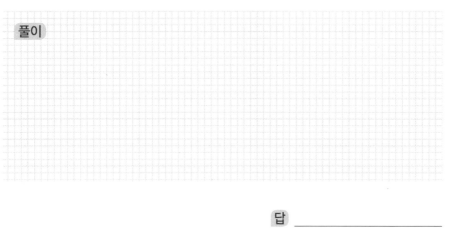

Tip

㉠에서 ㉢까지의 길이는 ㉠에서 ㉡까지의 길이와 ㉡에서 ㉢까지의 길이의 합입니다.

풀이

답 _____

**대표 유형 05**

**09** 대화를 읽고 지예가 말한 길이와 주환이가 말한 길이의 합은 몇 m인지 구하세요.

내 한 걸음의 길이는 40 cm이고 걸음으로 6번 잰 길이야.

길이가 20 cm인 철사로 8번 잰 길이야.

지예  주환

풀이

답 _____

**대표 유형 06**

**10** 사각형의 네 변의 길이의 합은 8 m 38 cm입니다. 변 ㄴㄷ의 길이는 변 ㄱㄹ의 길이의 2배일 때 변 ㄴㄷ의 길이는 몇 m 몇 cm일까요?

**Tip**

(변 ㄱㄹ의 길이)+(변 ㄴㄷ의 길이)는 사각형의 네 변의 길이의 합에서 나머지 두 변의 길이를 빼서 구합니다.

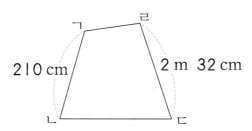
210 cm    2 m 32 cm

풀이

답 _____

3
길이 재기

# 4

## 시각과 시간

# 몇 시 몇 분, 여러 가지 방법으로 시각 읽기

**교과서 개념**

● **몇 시 몇 분**

→ 9시 8분

시계의 긴바늘이 가리키는 숫자가 1이면 5분, 2이면 10분, 3이면 15분, ...을 나타냅니다.

시계에서 긴바늘이 가리키는 작은 눈금 한 칸은 1분을 나타냅니다.

● **여러 가지 방법으로 시각 읽기**

2시 55분은 3시가 되기 5분 전의 시각과 같습니다.
→ 2시 55분은 3시 5분 전이라고도 합니다.

---

**01** 시각을 써 보세요.

(1)
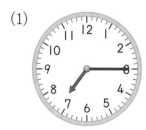

□ 시 □ 분

(2)

□ 시 □ 분

---

**02** 오른쪽 시계가 나타내는 시각을 <u>잘못</u> 읽은 것을 찾아 기호를 써 보세요.

ⓐ 3시 56분  ⓑ 3시 4분 전  ⓒ 4시 4분 전

( )

**03** 같은 시각을 나타내는 것끼리 이어 보세요.

---

활용 개념 **1** ▶ **시각을 시계에 나타내기**

🔵 6시 23분을 시계에 나타내기

 ┌ 짧은바늘: 6과 7 사이를 가리키도록 그립니다.
 └ 긴바늘: 4에서 작은 눈금 3칸을 더 간 곳을 가리키도록
   그립니다.

┌─────────────────────────────────────────────┐
│ ■시 ▲분 ┌ 짧은바늘: ■와 (■＋1) 사이를 가리키도록 그립니다.
│         └ 긴바늘: ▲분을 가리키도록 그립니다.
└─────────────────────────────────────────────┘

**04** 시각에 맞게 긴바늘을 그려 넣으세요.

(1) **4시 35분**

(2) **11시 21분**

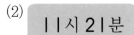

# I 시간 알아보기, 하루의 시간 알아보기

📜 **교과서 개념**

● **I 시간 알아보기**

· 60분: 시계의 긴바늘이 한 바퀴 도는 데 걸리는 시간
· 60분은 I시간입니다.

> 60분=I시간

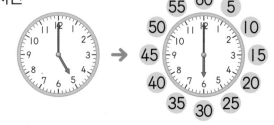

● **하루의 시간 알아보기**

· 하루는 24시간입니다.

> I일=24시간

· 오전: 전날 밤 I2시부터 낮 I2시까지
· 오후: 낮 I2시부터 밤 I2시까지

**01** ◻ 안에 알맞은 수를 써넣으세요.

(1) I시간 I5분= ◻ 분

(2) 28시간= ◻ 일 ◻ 시간

**02** 현우가 오전에 운동을 시작한 시각과 끝낸 시각입니다. 현우가 운동을 하는 데 걸린 시간을 시간 띠에 나타내고, 몇 분인지 구하세요.

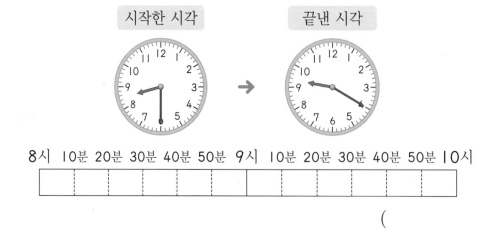

8시 I0분 20분 30분 40분 50분 9시 I0분 20분 30분 40분 50분 I0시

( )

**활용 개념 1** **오전, 오후 두 시각 사이의 시간 구하기**

• 오전 7시부터 오후 3시까지의 시간 구하기

오전 7시 ──5시간 후──> 낮 12시 ──3시간 후──> 오후 3시

→ 두 시각 사이의 시간은 5+3=8(시간)입니다.

**03** 윤후네 가족은 동물원에 오전 10시에 들어가서 오후 5시에 나왔습니다. 윤후네
가족이 동물원에 있었던 시간은 몇 시간일까요?

(          )

**활용 개념 2** **●바퀴 돌았을 때 시각 구하기**

 긴바늘이 한 바퀴
돌았을 때
→
← 1시간이 지납니다.

┌ 긴바늘이 ●바퀴 돌면 ●시간이 지납니다.
└ 짧은바늘이 한 바퀴 돌면 12시간이 지납니다.

**04** 지금 시각은 오전 5시 25분입니다. 지금 시각에서 시계의 긴바늘이 4바퀴 돌았
을 때의 시각은 몇 시 몇 분일까요?

( 오전 , 오후 ) ☐ 시 ☐ 분

**05** 지금 시각은 오전 8시 13분입니다. 지금 시각에서 시계의 짧은바늘이 한 바퀴
돌았을 때의 시각은 몇 시 몇 분일까요?

( 오전 , 오후 ) ☐ 시 ☐ 분

**4**

시
각
과
시
간

# 달력 알아보기

● **1주일 알아보기**

- 1주일은 7일입니다.

> 1주일=7일

같은 요일이 돌아오는 데 걸리는 시간

**8월**

| 일 | 월 | 화 | 수 | 목 | 금 | 토 |
|---|---|---|---|---|---|---|
|  |  | 1 | 2 | 3 | 4 | 5 |
| 6 | 7 | 8 | 9 | 10 | 11 | 12 |
| 13 | 14 | 15 | 16 | 17 | 18 | 19 |
| 20 | 21 | 22 | 23 | 24 | 25 | 26 |
| 27 | 28 | 29 | 30 | 31 |  |  |

- 1주일은 일요일, 월요일, 화요일, 수요일, 목요일, 금요일, 토요일이 있습니다.

● **1년 알아보기**

- 1년은 1월부터 12월까지 12개월입니다.

> 1년=12개월

- 각 달의 날수는 다음과 같습니다.

| 월 | 1 | 2 | 3 | 4 | 5 | 6 | 7 | 8 | 9 | 10 | 11 | 12 |
|---|---|---|---|---|---|---|---|---|---|---|---|---|
| 날수 (일) | 31 | 28 (29) | 31 | 30 | 31 | 30 | 31 | 31 | 30 | 31 | 30 | 31 |

└→2월은 보통 28일이지만 4년에 한 번씩 29일이 됩니다.

**01** ☐ 안에 알맞은 수를 써넣으세요.

(1) 2주일= ☐ 일

(2) 30개월= ☐ 년 ☐ 개월

**02** 날수가 같은 달끼리 짝 지은 것에 모두 ○표 하세요.

| 4월, 9월 | 3월, 11월 | 1월, 8월 |
|---|---|---|
| (  ) | (  ) | (  ) |

**[03~04] 어느 해의 10월 달력입니다. 물음에 답하세요.**

**10월**

| 일 | 월 | 화 | 수 | 목 | 금 | 토 |
|---|---|---|---|---|---|---|
| 1 | 2 | 3 | 4 | 5 | 6 | 7 |
| 8 | 9 | 10 | 11 | 12 | 13 | 14 |
| 15 | 16 | 17 | 18 | 19 | 20 | 21 |
| 22 | 23 | 24 | 25 | 26 | 27 | 28 |
| 29 | 30 | 31 | | | | |

**03** 10월 9일은 한글날입니다. 한글날은 무슨 요일일까요?

( )

**04** 도영이는 매주 금요일에 야구를 합니다. 도영이가 10월 한 달 동안 야구를 하는 날은 모두 며칠일까요?

( )

**활용 개념 1** 달력에서 며칠 전과 며칠 후 알아보기

**3월**

| 일 | 월 | 화 | 수 | 목 | 금 | 토 |
|---|---|---|---|---|---|---|
| | | | 1 | 2 | 3 | 4 |
| 5 | 6 | 7 | 8 | 9 | 10 | 11 |
| 12 | 13 | 14 | 15 | 16 | 17 | 18 |
| 19 | 20 | 21 | 22 | 23 | 24 | 25 |
| 26 | 27 | 28 | 29 | 30 | 31 | |

① 3월 10일로부터 4일 전 요일:
10일에서 거꾸로 4칸을 세면 3월 6일
➡ 월요일
② 3월 19일로부터 6일 후 요일:
19일에서 6칸을 세면 3월 25일
➡ 토요일

**05** 어느 해의 6월 달력입니다. 지수의 생일은 6월 16일이고 승찬이의 생일은 지수의 생일보다 8일 늦습니다. 승찬이의 생일은 무슨 요일일까요?

**6월**

| 일 | 월 | 화 | 수 | 목 | 금 | 토 |
|---|---|---|---|---|---|---|
| | | | | 1 | 2 | 3 |
| 4 | 5 | 6 | 7 | 8 | 9 | 10 |
| 11 | 12 | 13 | 14 | 15 | 16 | 17 |
| 18 | 19 | 20 | 21 | 22 | 23 | 24 |
| 25 | 26 | 27 | 28 | 29 | 30 | |

( )

# '시'를 비교한 다음 '분'을 비교하자.

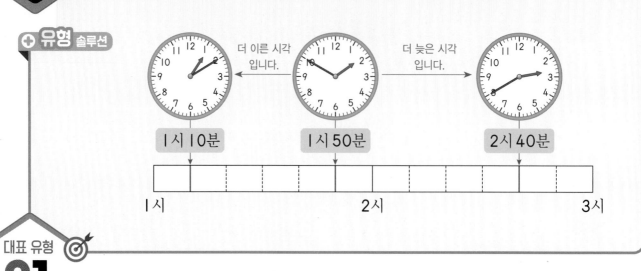

## 대표 유형 01

오늘 오전에 우진, 소율, 은서가 각자 일어난 시각입니다. 가장 먼저 일어난 사람은 누구일까요?

우진　　　　　　소율　　　　　　은서

**풀이**

❶ 우진, 소율, 은서가 각자 일어난 시각을 읽어 봅니다.

우진: ☐ 시 ☐ 분, 소율: ☐ 시 ☐ 분, 은서: ☐ 시 ☐ 분

❷ '시'를 비교하면 가장 늦은 시각: ☐ 시 ☐ 분

❸ ❷의 시각을 제외하고 남은 두 시각의 '분'을 비교하면 더 이른 시각:

☐ 시 ☐ 분

→ 가장 먼저 일어난 사람: ☐

답 _____

>> 정답 및 풀이 **26**쪽

예제 ✔ 오늘 오후에 연준, 리아, 승후가 각자 박물관에 도착한 시각입니다. 가장 먼저 도착한 사람은 누구일까요?

연준

리아

승후

(                )

**01-1** 오늘 오전에 다윤, 주연, 동하가 각자 줄넘기를 시작한 시각입니다. 가장 나중에
변형 시작한 사람은 누구일까요?

다윤

주연

동하

(                )

**01-2** 학교에 가기 위해 오늘 오전에 라온, 도준, 은별이가 각자 집에서 출발한 시각
변형 입니다. 가장 먼저 출발한 사람은 누구일까요?

> 라온: 나는 8시 18분에 출발했어.
> 도준: 나는 8시 5분 전에 출발했어.
> 은별: 나는 7시 52분에 출발했어.

(                )

## 짧은바늘과 긴바늘이 가리키는 곳을 알아보자.

**유형 솔루션**

거울에 비친 시계

 →

짧은바늘: 3과 4 사이를 가리킵니다.→ 3시
긴바늘: 7을 가리킵니다.→ 35분

3시 35분

**대표 유형 02**

오른쪽은 거울에 비친 시계입니다. 시계가 나타내는 시각은 몇 시 몇 분일까요?

**풀이**

❶ 짧은바늘이 ☐ 와/과 ☐ 사이를 가리키므로 ☐ 시입니다.

❷ 긴바늘이 ☐ 을/를 가리키므로 ☐ 분입니다.

❸ 시계가 나타내는 시각: ☐ 시 ☐ 분

답 _____

**예제** 오른쪽은 거울에 비친 시계입니다. 시계가 나타내는 시각은 몇 시 몇 분일까요?

(           )

>> 정답 및 풀이 26~27쪽

**02-1**
변형

오른쪽은 거울에 비친 시계입니다. 시계가 나타내는 시각은 몇 시 몇 분 전일까요?

(       )

**02-2**
변형

거울에 비친 시계를 보고 옳게 말한 사람은 누구일까요?

1시 53분을 나타내고 있어.

소연

1시 7분 전이야.

성준

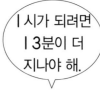
1시가 되려면 13분이 더 지나야 해.

지윤

(       )

4

시각과 시간

**02-3**
발전

오른쪽은 거울에 비친 시계입니다. 시계가 나타내는 시각에서 35분 후는 몇 시 몇 분일까요?

(       )

## 먼저 ■시를 만들자.

➕ 유형 솔루션

· 3시 50분에서 25분 후 시각 구하기

3시 50분          4시          4시 15분

대표 유형
**03**

재인이는 30분 동안 수영을 했습니다. 수영을 시작한 시각이 5시 50분일 때 수영을 끝낸 시각은 몇 시 몇 분일까요?

풀이

❶ 재인이가 수영을 끝낸 시각은 5시 50분에서 30분 후의 시각이므로

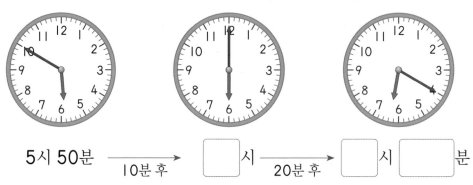

5시 50분 ──10분 후──▶ [ ]시 ──20분 후──▶ [ ]시 [ ]분

❷ 재인이가 수영을 끝낸 시각: [ ]시 [ ]분

답 _____

예제✔ 세희는 40분 동안 영어 숙제를 했습니다. 영어 숙제를 시작한 시각이 2시 30분일 때 영어 숙제를 끝낸 시각은 몇 시 몇 분일까요?

(                    )

>> 정답 및 풀이 **27**쪽

**03-1**
**변형**
수현이가 귤 따기 체험을 시작한 시각을 나타낸 것입니다. 45분 동안 귤 따기 체험을 했을 때 귤 따기 체험을 끝낸 시각을 오른쪽 시계에 나타내 보세요.

시작한 시각          끝낸 시각

**03-2**
**변형**
선우는 50분 동안 과자를 만들었습니다. 과자를 다 만들고 난 후의 시각이 11시 30분일 때 과자를 만들기 시작한 시각은 몇 시 몇 분일까요?

(                       )

**03-3**
**발전**
지효는 집에서 나와 30분 동안 걷고, 50분 동안 자전거를 탄 후 수목원에 도착했습니다. 지효가 9시 50분에 집에서 나왔다면 수목원에 도착한 시각은 몇 시 몇 분일까요?

(                       )

4

시각과 시간

# 7씩 빼거나 더해 같은 요일인 날짜를 찾자.

**11월**

| 일 | 월 | 화 | 수 | 목 | 금 | 토 |
|---|---|---|---|---|---|---|
|  |  |  | 1 | 2 | 3 | 4 |
| 5 | 6 | 7 | 8 | 9 | 10 | 11 |
| 12 | 13 | 14 | 15 | 16 | 17 | 18 |
| 19 | 20 | 21 | 22 | 23 | 24 | 25 |
| 26 | 27 | 28 | 29 | 30 |  |  |

$\Big)$+7
$\Big)$+7
$\Big)$+7
$\Big)$+7

4일, 11일, 18일, 25일은
모두 토요일입니다.

↓

같은 요일은 7일마다 반복됩니다.

**대표 유형 04**

어느 해 7월 달력의 일부분입니다. 이달의 17일은 무슨 요일일까요?

**7월**

| 일 | 월 | 화 | 수 | 목 | 금 | 토 |
|---|---|---|---|---|---|---|
|  |  |  |  |  |  | 1 |
| 2 | 3 | 4 | 5 | 6 | 7 | 8 |

**풀이**

❶ 같은 요일은 ☐ 일마다 반복되므로

17일과 같은 요일인 날짜: $17-7=$ ☐ (일)

↓

☐ $-7=$ ☐ (일)

❷ 이달의 17일은 3일과 같은 요일이므로 ☐ 요일입니다.

답 _____

**예제** 어느 해 2월 달력의 일부분입니다. 이달의 22일은 무슨 요일일까요?

**2월**

| 일 | 월 | 화 | 수 | 목 | 금 | 토 |
|---|---|---|---|---|---|---|
|  |  |  | 1 | 2 | 3 | 4 |
| 5 | 6 | 7 | 8 | 9 | 10 | 11 |

( )

**04-1** 어느 해 |월 달력의 일부분입니다. 이달의 마지막 날은 무슨 요일일까요?

변형

| | 월 | 화 | 수 | 목 | 금 | 토 |
|---|---|---|---|---|---|---|
| 2 | 3 | 4 | 5 | 6 | 7 |
| | 10 | 11 | 12 | 13 | 14 |

| 월

(                    )

**04-2** 어느 해 |2월 |일은 금요일입니다. 같은 해 |2월 25일 크리스마스는 무슨
변형 요일일까요?

(                    )

**04-3** 어느 해 4월 달력의 일부분입니다. 같은 해 5월 5일 어린이날은 무슨 요일일
발전 까요?

| 일 | 월 | 화 | 수 | 목 | 금 | 토 |
|---|---|---|---|---|---|---|
| | | | | | | 1 |
| 2 | 3 | 4 | 5 | 6 | 7 | |
| 9 | 10 | 11 | 12 | 13 | 14 | |
| | 17 | 18 | 19 | 20 | | |

4월

(                    )

4

시각과 시간

# 시곗바늘의 위치에 따라 시각이 달라진다.

**⊕ 유형 솔루션**

- 긴바늘이 ▬▬를 가리키고 짧은바늘이 숫자 7에 가장 가까이 있을 때 → 7시 ▲분

짧은바늘의 위치 : 7시

- 긴바늘이 ▬▬를 가리키고 짧은바늘이 숫자 7에 가장 가까이 있을 때 → 6시 ▲분

7−1

짧은바늘의 위치 : 6시

---

**대표 유형 05**

시계를 보고 설명한 것입니다. 시계가 나타내는 시각은 몇 시 몇 분일까요?

> 긴바늘은 숫자 2를 가리키고,
> 짧은바늘은 숫자 4에 가장 가까이 있습니다.

**풀이**

❶ 긴바늘이 숫자 2를 가리키므로 [ ]분입니다.

❷ [ ]분일 때 짧은바늘이 숫자 4에 가장 가까이 있으므로 [ ]시입니다.

❸ 시계가 나타내는 시각: [ ]시 [ ]분

답 _____

---

**예제** 시계를 보고 설명한 것입니다. 시계가 나타내는 시각은 몇 시 몇 분일까요?

> 긴바늘은 숫자 11을 가리키고,
> 짧은바늘은 숫자 9에 가장 가까이 있습니다.

( )

**05-1**

변형

지우가 활동한 시각입니다. 시계의 긴바늘은 숫자 9에서 작은 눈금 4칸을 더 간 곳을 가리키고, 짧은바늘은 숫자 1에 가장 가까이 있습니다. 이 시계가 나타내는 시각에 지우가 한 일은 무엇일까요?

수영하기             점심 식사             책 읽기

(                              )

**05-2**

변형

시계의 긴바늘은 숫자 1에서 작은 눈금 2칸을 더 간 곳을 가리키고, 짧은바늘은 숫자 6에 가장 가까이 있습니다. 이 시계가 나타내는 시각은 몇 시 몇 분일까요?

(                              )

**05-3**

발전

시계의 긴바늘은 숫자 11을 가리키고, 짧은바늘은 숫자 10에 가장 가까이 있습니다. 이 시계의 긴바늘이 2바퀴 더 돌았을 때 시계가 나타내는 시각은 몇 시 몇 분일까요?

(                              )

## 유형변형 시작한 날을 포함하여 기간을 세자.

**⊕ 유형 솔루션** ·■일부터 ●일까지 모두 며칠인지 구하기

### 10월

| 일 | 월 | 화 | 수 | 목 | 금 | 토 |
|---|---|---|---|---|---|---|
|  |  |  | 1 | 2 | 3 | 4 |
| 5 | 6 | 7 | 8 | 9 | 10 | 11 |
| 12 | 13 | 14 | 15 | 16 | 17 | 18 |
| 19 | 20 | 21 | 22 | 23 | 24 | 25 |
| 26 | 27 | 28 | 29 | 30 | 31 |  |

→ 8일도 포함하여 칸 수를 세어 봅니다.

8일부터 23일까지는
모두 16일입니다.

### 대표 유형 06

어린이 공연 포스터입니다. 어린이 공연을 하는 기간은 모두 며칠일까요?

(단, 중간에 쉬는 날은 없습니다.)

**어린이 공연**

■ 공연 기간
4월 21일
~5월 13일

**풀이**

❶ 4월은 [ ]일까지 있습니다.

4월에 공연을 하는 기간은 21일부터 30일까지이므로 [ ]일입니다.

❷ 5월에 공연을 하는 기간은 1일부터 13일까지이므로 [ ]일입니다.

❸ 어린이 공연을 하는 기간: [ ]+13= [ ](일)

답 _____

>> 정답 및 풀이 **29**쪽

예제 ✔ 오른쪽은 사과 축제 포스터입니다. 사과 축제를 하는 기간은 모두 며칠일까요? (단, 중간에 쉬는 날은 없습니다.)

사과 축제

■ 축제 기간
10월 28일
~11월 16일

(                    )

**06-1** 변형 민정이네 가족은 7월 27일부터 9월 10일까지 유럽 여행을 합니다. 민정이네 가족이 유럽 여행을 하는 기간은 모두 며칠일까요?

(                    )

**4**

시각과 시간

**06-2** 발전 오른쪽은 어린이 미술 전시회 포스터입니다. 어린이 미술 전시회가 30일 동안 열릴 때 전시회가 끝나는 날은 몇 월 며칠일까요? (단, 중간에 쉬는 날은 없습니다.)

어린이 미술 전시회

■ 전시 기간
6월 25일
~○월 △일

(                    )

# ■시간 후를 알아보고 ▲분 후를 알아보자.

**➕유형 솔루션**

• 숙제를 하는 데 걸린 시간 구하기

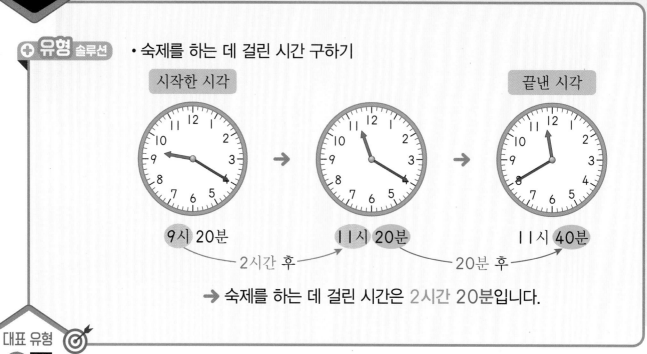

| 시작한 시각 | | 끝낸 시각 |

9시 20분 → 11시 20분 → 11시 40분
— 2시간 후 — — 20분 후 —

→ 숙제를 하는 데 걸린 시간은 2시간 20분입니다.

**대표 유형 07**

다솜이네 가족이 오전에 등산을 시작한 시각과 끝낸 시각입니다. 다솜이네 가족이 등산을 하는 데 걸린 시간은 몇 시간 몇 분일까요?

시작한 시각 → 끝낸 시각

**풀이**

❶ 등산을 시작한 시각: 오전 ☐ 시 ☐ 분

등산을 끝낸 시각: 오전 ☐ 시 ☐ 분

❷ ☐ 시 40분 ──→ 9시 40분 ──→ 9시 ☐ 분
시작한 시각   ☐ 시간 후   ☐ 분 후   끝낸 시각

❸ 등산을 하는 데 걸린 시간: ☐ 시간 ☐ 분

답 _____

**예제** 혜주가 오후에 어린이 과학관에 들어간 시각과 나온 시각입니다. 혜주가 어린이 과학관에 있었던 시간은 몇 시간 몇 분일까요?

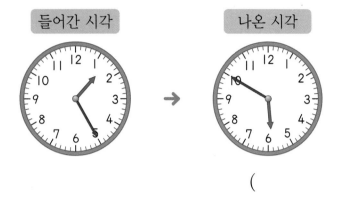

들어간 시각       나온 시각

(             )

**07-1**
**변형** 정우네 반 학생들은 학교에서 오전 11시 10분에 출발하여 오후 1시 30분에 스키장에 도착했습니다. 학교에서 스키장까지 가는 데 걸린 시간은 몇 시간 몇 분일까요?

(             )

**07-2**
**발전** 민성이와 소은이가 자전거를 타기 시작한 시각과 끝낸 시각입니다. 자전거를 더 오래 탄 사람은 누구일까요?

| | 시작한 시각 | 끝낸 시각 |
|---|---|---|
| 민성 | 오후 2시 15분 | 오후 3시 45분 |
| 소은 | 오후 4시 50분 | 오후 6시 |

(             )

**01** 오늘 오전에 아린, 은성, 수빈이가 기차역에 도착한 시각입니다. 가장 늦게 도착한 사람은 누구일까요?

      아린              은성              수빈

풀이

답 _____

**02** 거울에 비친 시계입니다. 시계가 나타내는 시각은 몇 시 몇 분일까요?

**Tip**

긴바늘과 짧은바늘이 가리키는 곳을 알아봅니다.

풀이

답 _____

◎ 대표 유형 **06**

**03** 준우네 학교 글짓기 대회 참가 신청 기간은 8월 15일부터 9월 22일까지입니다. 신청 기간은 모두 며칠일까요?

풀이

답 _____

◎ 대표 유형 **04**

**04** 어느 해 6월 1일은 수요일입니다. 같은 해 6월의 마지막 날은 무슨 요일일까요?

Tip

6월의 마지막 날은 30일입니다.

풀이

답 _____

◎ 대표 유형 **07**

**05** 시호가 오후에 야구 연습을 시작한 시각과 끝낸 시각입니다. 시호가 야구 연습을 한 시간은 몇 시간 몇 분일까요?

Tip

야구 연습을 시작한 시각과 끝낸 시각을 먼저 알아봅니다.

시작한 시각 → 끝낸 시각

풀이

답 _____

4

시각과 시간

🎯 대표 유형 06

**06** 상이와 세연이가 줄넘기를 시작한 날짜와 끝낸 날짜입니다. 이 기간에 매일 줄넘기를 했다면 줄넘기를 한 기간이 더 긴 사람은 누구일까요?

Tip⤴

상이와 세연이가 줄넘기를 한 기간을 각각 구합니다.

| | 시작한 날짜 | 끝낸 날짜 |
|---|---|---|
| 상이 | 9월 20일 | 10월 8일 |
| 세연 | 11월 25일 | 12월 14일 |

풀이

답 _____

🎯 대표 유형 04

**07** 서아의 생일은 8월 17일입니다. 어느 해 9월 달력의 일부분일 때 같은 해 서아의 생일은 무슨 요일이었을까요?

Tip⤴

8월 마지막 날이 며칠이고 무슨 요일인지 알아봅니다.

| 9월 | | | | | | |
|---|---|---|---|---|---|---|
| 일 | 월 | 화 | 수 | 목 | 금 | 토 |
| | | | | 1 | 2 | 3 |
| | 6 | 7 | 8 | 9 | 10 | |

풀이

답 _____

🎯 대표 유형 **05**

**08** 시계의 긴바늘은 숫자 **9**에서 작은 눈금 **2**칸을 더 간 곳을 가리키고, 짧은바늘은 숫자 **8**에 가장 가까이 있습니다. 시계가 나타내는 시각은 몇 시 몇 분일까요?

> 풀이

> 답 _____

🎯 대표 유형 **03**

**09** 하랑이는 **12**시 **40**분에 낮잠을 자기 시작하여 **1**시간 **30**분 동안 낮잠을 잤습니다. 하랑이가 낮잠에서 깬 시각은 몇 시 몇 분일까요?

Tip 👆
12시 40분에서 1시간이 지난 시각을 먼저 알아봅니다.

> 풀이

> 답 _____

**4**
시각과 시간

🎯 대표 유형 **07**

**10** 동우네 가족은 캠핑을 다녀왔습니다. 어제 오후 **8**시에 출발하여 오늘 오전 **11**시 **50**분에 돌아왔다면 동우네 가족이 캠핑을 다녀오는 데 걸린 시간은 몇 시간 몇 분일까요?

Tip 👆
오후 8시에서 12시간이 지나면 다음 날 오전 8시가 됩니다.

> 풀이

> 답 _____

# 5

## 표와 그래프

# 표로 나타내기

## 자료를 보고 표로 나타내기

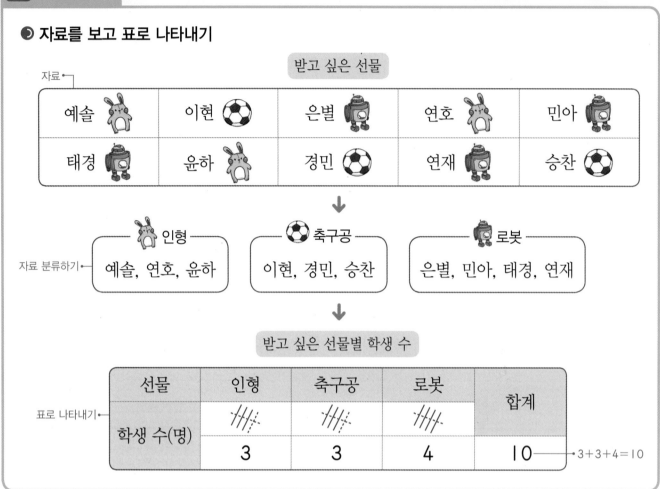

받고 싶은 선물

| 예솔 🐰 | 이현 ⚽ | 은별 🤖 | 연호 🐰 | 민아 🤖 |
| 태경 🤖 | 윤하 🐰 | 경민 ⚽ | 연재 🤖 | 승찬 ⚽ |

인형 — 예솔, 연호, 윤하
축구공 — 이현, 경민, 승찬
로봇 — 은별, 민아, 태경, 연재

받고 싶은 선물별 학생 수

| 선물 | 인형 | 축구공 | 로봇 | 합계 |
|---|---|---|---|---|
| 학생 수(명) | 3 | 3 | 4 | 10 |

3+3+4=10

---

**01** 다율이네 반 학생들이 가지고 있는 학용품을 조사하였습니다. 표를 완성해 보세요.

가지고 있는 학용품

| 다율 ✏️ | 은우 🧽 | 세인 ✏️ | 라임 ✏️ | 민건 🧽 |
| 한결 ✂️ | 채현 ✏️ | 은설 🧽 | 서호 ✏️ | 리원 ✂️ |

가지고 있는 학용품별 학생 수

| 학용품 | 연필 | 지우개 | 가위 | 합계 |
|---|---|---|---|---|
| 학생 수(명) | 5 | | | |

>> 정답 및 풀이 32쪽

02 가연이네 모둠 학생들이 고리 던지기를 하여 고리가 걸리면 ○로, 걸리지 않으면 ×로 나타낸 것입니다. 표를 완성해 보세요.

고리 던지기 결과

| 이름 \ 순서(번째) | 1 | 2 | 3 | 4 | 5 | 6 | 7 | 8 |
|---|---|---|---|---|---|---|---|---|
| 가연 | ○ | × | × | ○ | ○ | × | ○ | × |
| 상우 | ○ | × | ○ | ○ | ○ | × | ○ | ○ |
| 유빈 | ○ | ○ | × | ○ | × | ○ | ○ | × |

걸린 고리의 수

| 이름 | 가연 | 상우 | 유빈 | 합계 |
|---|---|---|---|---|
| 고리 수(개) | | | | |

활용 개념 1 **합계를 이용하여 표 완성하기**

좋아하는 색깔별 학생 수

| 색깔 | 빨간색 | 노란색 | 초록색 | 합계 |
|---|---|---|---|---|
| 학생 수(명) | 5 | 3 | 2 | 10 |

→ (초록색을 좋아하는 학생 수)=10−5−3=2(명)

03 재하네 반 학생들의 취미를 조사하여 표로 나타냈습니다. 그림 그리기가 취미인 학생은 몇 명일까요?

취미별 학생 수

| 취미 | 노래 감상 | 영화 보기 | 그림 그리기 | 합계 |
|---|---|---|---|---|
| 학생 수(명) | 7 | 5 | | 18 |

( )

# 그래프로 나타내기

◑ **표를 보고 그래프로 나타내기**

좋아하는 과목별 학생 수

| 과목 | 수학 | 미술 | 체육 | 합계 |
|---|---|---|---|---|
| 학생 수(명) | 3 | 1 | 2 | 6 |

좋아하는 과목별 학생 수 ④

| 학생 수(명) \ 과목 | 수학 | 미술 | 체육 |
|---|---|---|---|
| 3 | ○ | | |
| 2 | ○ | | ○ |
| 1 | ○ | ○ | ○ |

① 그래프의 가로와 세로에 어떤 것을 나타낼지 정하기
② 가로와 세로를 각각 몇 칸으로 할지 정하기
③ 그래프에 ○, ×, / 중 하나를 선택하여 좋아하는 과목별 학생 수 나타내기
④ 그래프의 제목 쓰기

**01** 성욱이네 모둠 학생들이 먹고 싶은 음식을 조사하여 표로 나타냈습니다. 표를 보고 ○를 이용하여 그래프로 나타내 보세요.

먹고 싶은 음식별 학생 수

| 음식 | 햄버거 | 치킨 | 떡볶이 | 피자 | 합계 |
|---|---|---|---|---|---|
| 학생 수(명) | 3 | 2 | 4 | 1 | 10 |

먹고 싶은 음식별 학생 수

| 학생 수(명) \ 음식 | 햄버거 | 치킨 | 떡볶이 | 피자 |
|---|---|---|---|---|
| 4 | | | | |
| 3 | | | | |
| 2 | | | | |
| 1 | | | | |

**02** 아름이네 반 학생들이 식목일에 심은 나무를 조사하여 표로 나타냈습니다. 표를 보고 /을 이용하여 그래프로 나타내 보세요.

심은 나무별 학생 수

| 나무 | 소나무 | 밤나무 | 벚나무 | 합계 |
|------|--------|--------|--------|------|
| 학생 수(명) | 6 | 5 | 3 | 14 |

심은 나무별 학생 수

| 소나무 | | | | | | |
|------|---|---|---|---|---|---|
| 밤나무 | | | | | | |
| 벚나무 | | | | | | |
| 나무＼학생 수(명) | 1 | 2 | 3 | 4 | 5 | 6 |

**활용 개념** **1** **그래프에서 잘못된 부분 알아보기**

좋아하는 채소별 학생 수

| 3 | | ○ ① | | ○ |
|---|---|---|---|---|
| 2 | | | ○○ ② | ○ |
| 1 | | ○ | ○ | ○ |
| 학생 수(명)＼채소 | | 오이 | 가지 | 배추 |

**잘못된 까닭**

① 세로로 나타낸 그래프는 아래에서 위로, 가로로 나타낸 그래프는 왼쪽에서 오른쪽으로 빈칸 없이 채워야 합니다.
② 한 칸에 하나씩 그려야 합니다.

**03** 풍선의 색깔을 조사하여 오른쪽과 같이 그래프로 나타냈습니다. 잘못된 부분을 찾아 설명해 보세요.

색깔별 풍선 수

| 노란색 | ○ | ○ | ○ |
|--------|---|---|---|
| 파란색 | ○ | | ○ |
| 초록색 | ○ | | |
| 색깔＼풍선 수(개) | 1 | 2 | 3 |

설명 _____

_____

_____

 **표와 그래프의 내용 알아보기**

교과서 개념

◉ 표의 내용 알아보기

좋아하는 곤충별 학생 수

| 곤충 | 나비 | 사슴벌레 | 벌 | 합계 |
|------|------|----------|-----|------|
| 학생 수(명) | 3 | 4 | 2 | 9 |

└→ 나비를 좋아하는 학생은 3명입니다.

→ 조사한 학생은 모두 9명입니다.

◉ 그래프의 내용 알아보기

좋아하는 곤충별 학생 수

| 학생 수(명) \ 곤충 | 나비 | 사슴벌레 | 벌 |
|------|------|----------|-----|
| 4 | | ○ | |
| 3 | ○ | ○ | |
| 2 | ○ | ○ | ○ |
| 1 | ○ | ○ | ○ |

→ 가장 많은 학생들이 좋아하는 곤충은 사슴벌레입니다.

→ 가장 적은 학생들이 좋아하는 곤충은 벌입니다.

**01** 지희네 반 학생들이 배우고 있는 악기를 조사하여 표로 나타냈습니다. 물음에 답하세요.

배우고 있는 악기별 학생 수

| 악기 | 피아노 | 기타 | 장구 | 단소 | 합계 |
|------|--------|------|------|------|------|
| 학생 수(명) | 5 | 3 | 2 | 4 | 14 |

(1) 조사한 학생은 모두 몇 명일까요?

( )

(2) 기타를 배우고 있는 학생은 몇 명일까요?

( )

**02** 하음이가 월별로 비가 온 날수를 조사하여 그래프로 나타냈습니다. 비가 온 날이 가장 많은 달은 몇 월일까요?

비가 온 날수

| 월 \ 날수(일) | 1 | 2 | 3 | 4 | 5 | 6 |
|---|---|---|---|---|---|---|
| 1월 | ○ | ○ | ○ | ○ | ○ | |
| 2월 | ○ | ○ | | | | |
| 3월 | ○ | ○ | ○ | | | |
| 4월 | ○ | ○ | ○ | ○ | ○ | ○ |

(　　　　　　　　)

**활용 개념 ① 그래프에서 ~보다 많은 것 알아보기**

• 책을 2권보다 많이 읽은 학생은 누구인지 알아보기

읽은 책 수

| 책 수(권) \ 이름 | 도경 | 예담 | 미소 |
|---|---|---|---|
| 3 | | | × |
| 2 | × | | × |
| 1 | × | × | × |

2권을 기준으로 선을 그었을 때 ×가 선보다 위쪽에 있는 학생: **미소**

↓

책을 2권보다 많이 읽은 학생은 **미소**입니다. └→ 2권은 포함되지 않습니다.

**03** 하림이네 모둠 학생들이 가지고 있는 색종이 수를 조사하여 오른쪽과 같이 그래프로 나타냈습니다. 색종이를 3장 보다 많이 가지고 있는 학생은 누구일까요?

색종이 수

| 색종이 수(장) \ 이름 | 찬희 | 시우 | 하림 |
|---|---|---|---|
| 4 | | ○ | |
| 3 | ○ | ○ | |
| 2 | ○ | ○ | |
| 1 | ○ | ○ | ○ |

(　　　　　　　　)

## 자료별 ○의 수를 세자.

좋아하는 동물별 학생 수

| 3 | | ○ | |
|---|---|---|---|
| 2 | ○ | ○ | |
| 1 | ○ | ○ | ○ |
| 학생 수(명) / 동물 | 🐰 | 🐯 | 🐢 |

(🐰를 좋아하는 학생 수)

+(🐢을 좋아하는 학생 수)

=2+1=3(명)

대표 유형
**01**

서준이네 반 학생들이 좋아하는 과일을 조사하여 그래프로 나타냈습니다. 사과를 좋아하는 학생과 키위를 좋아하는 학생은 모두 몇 명일까요?

좋아하는 과일별 학생 수

| 5 | | ○ | | | |
|---|---|---|---|---|---|
| 4 | ○ | ○ | | | |
| 3 | ○ | ○ | ○ | | ○ |
| 2 | ○ | ○ | ○ | ○ | ○ |
| 1 | ○ | ○ | ○ | ○ | ○ |
| 학생 수(명) / 과일 | 사과 | 귤 | 감 | 키위 | 망고 |

풀이

❶ 사과를 좋아하는 학생 수: ☐ 명, 키위를 좋아하는 학생 수: ☐ 명

❷ 사과를 좋아하는 학생과 키위를 좋아하는 학생은 모두 ☐+☐=☐(명)

답 _____

예제 위 대표 유형 **01**에서 귤을 좋아하는 학생과 감을 좋아하는 학생은 모두 몇 명일까요?

(                    )

**01-1**
**변형** 채은이네 반 학생들이 가고 싶은 체험 학습 장소를 조사하여 그래프로 나타냈습니다. 민속촌에 가고 싶은 학생과 동물원에 가고 싶은 학생 수의 차는 몇 명일까요?

가고 싶은 체험 학습 장소별 학생 수

| 학생 수(명) \ 장소 | 박물관 | 민속촌 | 동물원 | 놀이공원 |
|---|---|---|---|---|
| 6 | | | | ○ |
| 5 | | | | ○ |
| 4 | | ○ | | ○ |
| 3 | | ○ | ○ | ○ |
| 2 | ○ | ○ | ○ | ○ |
| 1 | ○ | ○ | ○ | ○ |

(        )

**01-2**
**발전** 서우네 모둠 학생들이 가지고 있는 초콜릿 수를 조사하여 그래프로 나타냈습니다. 승연이보다 초콜릿을 많이 가지고 있는 학생들의 초콜릿 수의 합은 몇 개일까요?

초콜릿 수

| 초콜릿 수(개) \ 이름 | 서우 | 승연 | 나연 | 성찬 | 강빈 |
|---|---|---|---|---|---|
| 5 | ○ | | | | |
| 4 | ○ | | | | ○ |
| 3 | ○ | | ○ | | ○ |
| 2 | ○ | ○ | ○ | | ○ |
| 1 | ○ | ○ | ○ | ○ | ○ |

(        )

# 빠진 것을 제외하고 수를 세어 비교하자.

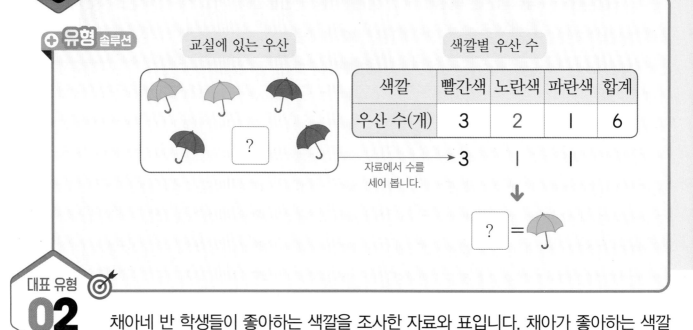

교실에 있는 우산

색깔별 우산 수

| 색깔 | 빨간색 | 노란색 | 파란색 | 합계 |
|------|--------|--------|--------|------|
| 우산 수(개) | 3 | 2 | 1 | 6 |

자료에서 수를 세어 봅니다.

**대표 유형 02**

채아네 반 학생들이 좋아하는 색깔을 조사한 자료와 표입니다. 채아가 좋아하는 색깔은 무엇일까요?

좋아하는 색깔

| 정우 | 수빈 | 지환 | 유찬 |
|------|------|------|------|
| 소윤 | 채아 | 현우 | 진우 |

좋아하는 색깔별 학생 수

| 색깔 | 노란색 | 보라색 | 파란색 | 합계 |
|------|--------|--------|--------|------|
| 학생 수(명) | 2 | 4 | 2 | 8 |

**풀이**

❶ 조사한 자료에서 채아를 제외하고 좋아하는 색깔별 학생 수를 세어 봅니다.

노란색: ☐ 명, 보라색: ☐ 명, 파란색: ☐ 명

❷ 표와 ❶에서 세어 본 학생 수가 다른 색깔: ☐

❸ 채아가 좋아하는 색깔: ☐

답 _____

**예제✔** 준서네 반 학생들이 관찰한 곤충을 조사한 자료와 표입니다. 준서가 관찰한 곤충은 무엇일까요?

관찰한 곤충

| 선우 | 지민 | 민혁 | 준서 |
|------|------|------|------|
| 채원 | 민아 | 윤호 | 나은 |

관찰한 곤충별 학생 수

| 곤충 | 나비 | 잠자리 | 개미 | 합계 |
|------|------|--------|------|------|
| 학생 수(명) | 3 | 2 | 3 | 8 |

(         )

**02-1** **변형** 현서네 반 학생들이 태어난 계절을 조사한 자료와 그래프입니다. 현서가 태어난 계절은 언제일까요?

태어난 계절

| 현서 | | 소민 봄 | 하진 여름 |
|------|------|--------|----------|
| 재민 가을 | 시율 겨울 | 주희 여름 | |
| 다윤 여름 | 윤성 겨울 | 유정 가을 | |
| 은호 봄 | 예진 봄 | 하랑 봄 | |

태어난 계절별 학생 수

| 4 | ○ | | | |
|---|---|---|---|---|
| 3 | ○ | ○ | | ○ |
| 2 | ○ | ○ | ○ | ○ |
| 1 | ○ | ○ | ○ | ○ |
| 학생 수(명) \ 계절 | 봄 | 여름 | 가을 | 겨울 |

(         )

**02-2** **발전** 도준이네 반 학생들이 텃밭에 심고 싶은 채소를 조사한 자료와 표입니다. ㉠에 알맞은 채소와 ㉡에 알맞은 수를 각각 써 보세요.

심고 싶은 채소

| 가지 | 상추 | 가지 | 오이 | 당근 |
|------|------|------|------|------|
| 상추 | 오이 | ㉠ | 가지 | 오이 |
| 오이 | 당근 | 가지 | 오이 | 상추 |

심고 싶은 채소별 학생 수

| 채소 | 가지 | 상추 | 오이 | 당근 | 합계 |
|------|------|------|------|------|------|
| 학생 수(명) | 4 | ㉡ | 6 | 2 | |

㉠ (      ), ㉡ (      )

5 표와 그래프

# 전체에서 알고 있는 수를 빼자.

상자에 든 과일 수

| 3 | ○ | | |
|---|---|---|---|
| 2 | ○ | | |
| 1 | ○ | ○ | |
| 과일 수(개) 종류 | 🍍 | 🍎 | 🍎 |

전체 과일 수: 6개

🍎=(전체 과일 수)−🍍−🍎

=6−3−1

=2(개)

대표 유형
**03**

은빈이 방 책꽂이에 있는 책 수를 조사하여 나타낸 그래프의 일부가 찢어졌습니다.
은빈이 방 책꽂이에 있는 책이 모두 15권일 때 위인전은 몇 권일까요?

책꽂이에 있는 책 수

| 5 | | | | |
|---|---|---|---|---|
| 4 | ○ | | | |
| 3 | ○ | ○ | | ○ |
| 2 | ○ | ○ | | ○ |
| 1 | ○ | ○ | | ○ |
| 책 수(권) 종류 | 동화책 | 과학책 | 위인전 | 소설책 |

풀이

❶ 그래프에서 ○의 수를 세어 종류별 책 수를 알아봅니다.

동화책: ☐ 권, 과학책: ☐ 권, 소설책: ☐ 권

❷ (위인전 수)=(전체 책 수)−(동화책 수)−(과학책 수)−(소설책 수)

=15−4−☐−☐=☐(권)

답 _____

>> 정답 및 풀이 **33~34**쪽

**예제✓** 강빈이네 반 학생들의 혈액형을 조사하여 나타낸 그래프의 일부가 찢어졌습니다. 강빈이네 반 학생이 모두 14명일 때 B형인 학생은 몇 명일까요?

혈액형별 학생 수

| 학생 수(명) \ 혈액형 | A형 | B형 | O형 | AB형 |
|---|---|---|---|---|
| 5 | | | ○ | |
| 4 | ○ | | ○ | |
| 3 | ○ | | ○ | |
| 2 | ○ | | ○ | ○ |
| 1 | ○ | | ○ | ○ |

(          )

**03-1**
**변형** 은정이네 반 학생 17명이 배우고 싶은 악기를 조사하여 나타낸 그래프에 물감이 묻어 일부가 보이지 않습니다. 바이올린을 배우고 싶은 학생 수와 하모니카를 배우고 싶은 학생 수가 같을 때, 피아노를 배우고 싶은 학생은 몇 명일까요?

배우고 싶은 악기별 학생 수

| 학생 수(명) \ 악기 | 바이올린 | 드럼 | 피아노 | 하모니카 |
|---|---|---|---|---|
| 5 | | ○ | | |
| 4 | ○ | ○ | | |
| 3 | ○ | ○ | | |
| 2 | ○ | ○ | | |
| 1 | ○ | ○ | | |

(          )

# 유형변형 가지고 있는 정보를 주고받자.

**⊕ 유형 솔루션**

주차되어 있는 차의 수

| 종류 | 🚌 | 🚗 | 합계 |
|------|----|----|------|
| 차의 수(대) | 2 | 3 | 5 |

표를 보고 ○를 그려
그래프를 완성합니다.

주차되어 있는 차의 수

| 3 | | ○ |
|---|---|---|
| 2 | ○ | ○ |
| 1 | ○ | ○ |
| 차의 수(대) / 종류 | 🚌 | 🚗 |

그래프를 보고 표를 완성합니다.

**대표 유형 04**

강훈이네 반 학생들이 좋아하는 반려동물을 조사하여 나타낸 것입니다. 표와 그래프를 완성해 보세요.

좋아하는 반려동물별 학생 수

| 동물 | 강아지 | 고양이 | 햄스터 | 합계 |
|------|--------|--------|--------|------|
| 학생 수(명) | 6 | | | 14 |

좋아하는 반려동물별 학생 수

| 6 | | | |
|---|---|---|---|
| 5 | | ○ | |
| 4 | | ○ | |
| 3 | | ○ | |
| 2 | | ○ | |
| 1 | | ○ | |
| 학생 수(명) / 동물 | 강아지 | 고양이 | 햄스터 |

**풀이**

❶ 그래프를 보고 표를 완성해 봅니다.

• 그래프에서 고양이를 좋아하는 학생은 ☐명입니다.

• (햄스터를 좋아하는 학생 수)=14−6−☐=☐(명)

❷ 표를 보고 그래프를 완성해 봅니다.

○를 아래에서부터 한 칸에 하나씩 강아지에 ☐개, 햄스터에 ☐개 그립니다.

>> 정답 및 풀이 **34~35**쪽

예제✔ 효주네 반 학생들이 좋아하는 김밥을 조사하여 나타낸 것입니다. 표와 그래프를 완성해 보세요.

좋아하는 김밥별 학생 수

| 김밥 | 야채 | 참치 | 치즈 | 합계 |
|---|---|---|---|---|
| 학생 수(명) | | 6 | | 13 |

좋아하는 김밥별 학생 수

| 학생 수(명) \ 김밥 | 야채 | 참치 | 치즈 |
|---|---|---|---|
| 6 | | | |
| 5 | | | |
| 4 | | | |
| 3 | ○ | | |
| 2 | ○ | | |
| 1 | ○ | | |

**5**

**04-1**
⚡변형

윤찬이네 반 학생들이 주말에 하고 싶은 운동을 조사하여 나타낸 것입니다. 축구를 하고 싶은 학생 수와 야구를 하고 싶은 학생 수가 같을 때, 표와 그래프를 완성해 보세요.

하고 싶은 운동별 학생 수

| 운동 | 농구 | 축구 | 야구 | 합계 |
|---|---|---|---|---|
| 학생 수(명) | 6 | | | |

하고 싶은 운동별 학생 수

| 학생 수(명) \ 운동 | 농구 | 축구 | 야구 |
|---|---|---|---|
| 6 | | | |
| 5 | | | |
| 4 | | | ○ |
| 3 | | | ○ |
| 2 | | | ○ |
| 1 | | | ○ |

## 조건에 맞게 표를 채우자.

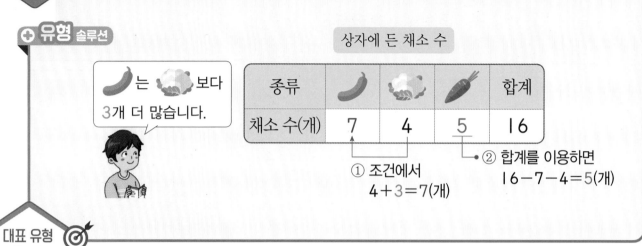

**유형** 솔루션

상자에 든 채소 수

| 종류 | 🥒 | 🥬 | 🥕 | 합계 |
|------|------|------|------|------|
| 채소 수(개) | 7 | 4 | 5 | 16 |

🥒는 🥬보다 3개 더 많습니다.

① 조건에서 4+3=7(개)

② 합계를 이용하면 16-7-4=5(개)

**대표 유형 05**

형석이와 친구들이 캔 고구마 수를 조사하여 표로 나타냈습니다. 영지가 승현이보다 7개 더 많이 캤다면 지호가 캔 고구마는 몇 개일까요?

캔 고구마 수

| 이름 | 형석 | 승현 | 영지 | 지호 | 합계 |
|------|------|------|------|------|------|
| 고구마 수(개) | 10 | 8 | | | 40 |

**풀이**

❶ (영지가 캔 고구마 수)=(승현이가 캔 고구마 수)+ ☐

= ☐ + ☐ = ☐ (개)

❷ (지호가 캔 고구마 수)= ☐ -10-8- ☐ = ☐ (개)

답 _____

**예제✓** 모둠별로 가지고 있는 연필 수를 조사하여 표로 나타냈습니다. 3모둠이 1모둠보다 5자루 더 많이 가지고 있을 때 2모둠이 가지고 있는 연필은 몇 자루일까요?

모둠별 연필 수

| 모둠 | 1모둠 | 2모둠 | 3모둠 | 4모둠 | 합계 |
|------|------|------|------|------|------|
| 연필 수(자루) | 13 | | | 12 | 55 |

( )

>> 정답 및 풀이 **35**쪽

**05-1**
**변형**
효정이네 반 학생들이 좋아하는 우유를 조사하여 표로 나타냈습니다. 딸기 우유를 좋아하는 학생이 초코 우유를 좋아하는 학생보다 5명 더 적을 때 바나나 우유를 좋아하는 학생은 몇 명일까요?

좋아하는 우유별 학생 수

| 우유 | 딸기 | 초코 | 바나나 | 아몬드 | 합계 |
|---|---|---|---|---|---|
| 학생 수(명) | | 12 | | 4 | 32 |

( )

**05-2**
**변형**
은서네 반 학생들이 주말에 다녀온 장소를 조사하여 표로 나타냈습니다. 수영장에 다녀온 학생 수가 놀이공원에 다녀온 학생 수의 3배일 때 과학관에 다녀온 학생은 몇 명일까요?

주말에 다녀온 장소별 학생 수

| 장소 | 수영장 | 박물관 | 놀이공원 | 과학관 | 합계 |
|---|---|---|---|---|---|
| 학생 수(명) | | 3 | 4 | | 26 |

( )

**05-3**
**발전**
주성이가 월별로 읽은 책 수를 조사하여 표로 나타냈습니다. 주성이가 4월에 읽은 책 수와 6월에 읽은 책 수가 같을 때 6월에 읽은 책은 몇 권일까요?

월별 읽은 책 수

| 월 | 3월 | 4월 | 5월 | 6월 | 합계 |
|---|---|---|---|---|---|
| 책 수(권) | 13 | | 14 | | 43 |

( )

**5**
표와 그래프

# 한 그래프에 나타낸 두 가지 내용의 합(차)을 구하자.

**유형 솔루션**

가지고 있는 색연필 수

| 수(자루) / 이름 | 혜미 | | 은정 | |
|---|---|---|---|---|
| 3 | ○ | | | × |
| 2 | ○ | | ○ | × |
| 1 | ○ | × | ○ | × |

과 ✏ 수의 차 구하기

혜미: 3−1=2(자루)
　　　 ○의 수　　×의 수

은정: 3−2=1(자루)
　　　 ×의 수　　○의 수

○ 빨간색
× 파란색

**대표 유형 06**

민채네 모둠 학생들이 가지고 있는 사탕과 젤리 수를 조사하여 그래프로 나타냈습니다. 가지고 있는 사탕과 젤리 수의 차가 가장 큰 학생은 누구일까요?

가지고 있는 사탕과 젤리 수

| 수(개) / 이름 | 민채 | | 예성 | | 수지 | | 주한 | |
|---|---|---|---|---|---|---|---|---|
| 6 | | | | | | × | | |
| 5 | | × | | | | × | | |
| 4 | ○ | × | ○ | × | | × | ○ | |
| 3 | ○ | × | ○ | × | ○ | × | ○ | |
| 2 | ○ | × | ○ | × | ○ | × | ○ | × |
| 1 | ○ | × | ○ | × | ○ | × | ○ | × |

○ 사탕
× 젤리

**풀이**

❶ 학생별 사탕과 젤리 수의 차를 각각 구해 봅니다.

민채: 5−4=1(개)　　　　　예성: 4−☐=☐(개)

수지: ☐−3=☐(개)　　　　　주한: ☐−2=☐(개)

❷ 사탕과 젤리 수의 차가 가장 큰 학생: ☐

답 _____

>> 정답 및 풀이 36쪽

예제 ✔ 지효네 학교 2학년 각 반에 있는 축구공과 피구공 수를 조사하여 그래프로 나타냈습니다. 축구공과 피구공 수의 차가 가장 작은 반은 몇 반일까요?

각 반에 있는 축구공과 피구공 수

| 수(개) / 반 | 1반 | | 2반 | | 3반 | | 4반 | |
|---|---|---|---|---|---|---|---|---|
| 6 | | | | / | | | | |
| 5 | ○ | | | / | ○ | | | / |
| 4 | ○ | / | | / | ○ | | | / |
| 3 | ○ | / | | / | ○ | | ○ | / |
| 2 | ○ | / | | / | ○ | / | ○ | / |
| 1 | ○ | / | ○ | / | ○ | / | ○ | / |

○ 축구공
/ 피구공

( )

**06-1** 변형 민정이네 반과 현승이네 반 학생들이 가 보고 싶은 우리나라 섬을 조사하여 그래프로 나타냈습니다. 가장 많은 학생들이 가 보고 싶은 섬은 어디일까요?

가 보고 싶은 우리나라 섬별 학생 수

| 학생 수(명) / 섬 | 강화도 | | 거제도 | | 독도 | | 제주도 | |
|---|---|---|---|---|---|---|---|---|
| 6 | | | | | ○ | | | × |
| 5 | | × | ○ | | ○ | | | × |
| 4 | | × | ○ | | ○ | × | | × |
| 3 | ○ | × | ○ | | ○ | × | ○ | × |
| 2 | ○ | × | ○ | × | ○ | × | ○ | × |
| 1 | ○ | × | ○ | × | ○ | × | ○ | × |

○ 민정이네 반
× 현승이네 반

( )

# 같은 위치에 선을 그어 두 그래프를 비교하자.

• 가지고 있는 구슬이 |개보다 많은 학생이 더 많은 모둠 알아보기

|모둠

| 3 | ○ | |
|---|---|---|
| 2 | ○ | |
| | | ○ | ○ |
| 구슬 수(개)＼이름 | 선율 | 새봄 |

같은 위치에
선을 긋습니다.

2모둠

| 3 | ○ | |
|---|---|---|
| 2 | ○ | ○ |
| | | ○ | ○ |
| 구슬 수(개)＼이름 | 가을 | 준범 |

→ |명     <     2명 ←

대표 유형
**07**

영은이네 모둠과 성준이네 모둠 학생들이 모은 빈 병 수를 조사하여 각각 그래프로 나타냈습니다. 모은 빈 병이 2개보다 많은 학생이 더 많은 모둠은 어느 모둠일까요?

영은이네 모둠

| 4 | ○ | | | ○ |
|---|---|---|---|---|
| 3 | ○ | ○ | | ○ |
| 2 | ○ | ○ | ○ | ○ |
| | | ○ | ○ | ○ | ○ |
| 빈 병 수(개)＼이름 | 영은 | 채원 | 승아 | 태민 |

성준이네 모둠

| 4 | | ○ | | |
|---|---|---|---|---|
| 3 | | ○ | | ○ |
| 2 | ○ | ○ | | ○ |
| | | ○ | ○ | ○ | ○ |
| 빈 병 수(개)＼이름 | 성준 | 서하 | 하람 | 세연 |

**풀이**

❶ 2개를 기준으로 선을 긋고 ○가 그은 선보다 위쪽에 있는 학생을 알아봅니다.

• 영은이네 모둠: 영은, ☐, ☐ → ☐ 명

• 성준이네 모둠: ☐, ☐ → ☐ 명

❷ 모은 빈 병이 2개보다 많은 학생이 더 많은 모둠은 ☐ 이네 모둠입니다.

답 _____

**예제✔** 민찬이네 모둠과 시현이네 모둠 학생들이 일주일 동안 먹은 아이스크림 수를 조사하여 각각 그래프로 나타냈습니다. 일주일 동안 아이스크림을 2개보다 많이 먹은 학생이 더 많은 모둠은 어느 모둠일까요?

민찬이네 모둠

| 이름 \ 아이스크림 수(개) | 1 | 2 | 3 | 4 | 5 |
|---|---|---|---|---|---|
| 민찬 | ○ | ○ | | | |
| 지현 | ○ | ○ | ○ | | |
| 도훈 | ○ | ○ | | | |
| 혜원 | ○ | ○ | ○ | ○ | ○ |

시현이네 모둠

| 이름 \ 아이스크림 수(개) | 1 | 2 | 3 | 4 | 5 |
|---|---|---|---|---|---|
| 시현 | ○ | ○ | | | |
| 준수 | ○ | ○ | ○ | ○ | ○ |
| 소연 | ○ | ○ | ○ | ○ | |
| 태현 | ○ | ○ | ○ | | |

( )

**07-1** **변형** 수호네 학교와 예지네 학교에서 수학 경시대회에 참가한 학생 수를 반별로 조사하여 각각 그래프로 나타냈습니다. 4명보다 많이 참가한 반이 더 적은 학교는 어느 학교일까요?

수호네 학교

| 학생 수(명) \ 반 | 1반 | 2반 | 3반 | 4반 |
|---|---|---|---|---|
| 7 | ○ | | | |
| 6 | ○ | ○ | | |
| 5 | ○ | ○ | | ○ |
| 4 | ○ | ○ | | ○ |
| 3 | ○ | ○ | | ○ |
| 2 | ○ | ○ | ○ | ○ |
| 1 | ○ | ○ | ○ | ○ |

예지네 학교

| 학생 수(명) \ 반 | 1반 | 2반 | 3반 | 4반 |
|---|---|---|---|---|
| 7 | | ○ | | |
| 6 | | ○ | | |
| 5 | | ○ | ○ | |
| 4 | ○ | ○ | ○ | |
| 3 | ○ | ○ | ○ | ○ |
| 2 | ○ | | ○ | ○ |
| 1 | ○ | | ○ | ○ |

( )

◎ 대표 유형 01

**01** 지예네 모둠 학생들이 일주일 동안 읽은 책 수를 조사하여 그 래프로 나타냈습니다. 책을 가장 많이 읽은 학생과 두 번째로 많이 읽은 학생이 읽은 책 수의 합은 몇 권일까요?

Tip 📦

○의 수가 가장 많은 학생과 두 번째로 많은 학생을 찾아봅니다.

읽은 책 수

| 책 수(권) \ 이름 | 지예 | 현민 | 초아 | 승환 |
|---|---|---|---|---|
| 3 | | | | ○ |
| 2 | ○ | | | ○ |
| 1 | ○ | ○ | ○ | ○ |

풀이

답 _____

◎ 대표 유형 03

**02** 세아네 모둠 학생 12명이 한 송이씩 가져온 꽃을 조사하여 그래프로 나타냈습니다. 튤립을 가져온 학생은 몇 명일까요?

가져온 꽃별 학생 수

| 학생 수(명) \ 꽃 | 장미 | 튤립 | 카네이션 | 해바라기 |
|---|---|---|---|---|
| 4 | ○ | | | |
| 3 | ○ | | | ○ |
| 2 | ○ | | ○ | ○ |
| 1 | ○ | | ○ | ○ |

풀이

답 _____

🎯 대표 유형 **02**

**03** 재희네 모둠 학생들의 장래 희망을 조사한 자료와 그래프입니다. 재희의 장래 희망은 무엇일까요?

장래 희망

| 나린 | 선생님 | 다경 | 경찰관 |
| 태이 | 경찰관 | 희준 | 과학자 |
| 준원 | 과학자 | 가람 | 경찰관 |
| 호윤 | 경찰관 | 재희 | |
| 한빛 | 선생님 | 재성 | 과학자 |

장래 희망별 학생 수

| 학생 수(명) \ 장래 희망 | 선생님 | 경찰관 | 과학자 |
|---|---|---|---|
| 4 | | / | / |
| 3 | | / | / |
| 2 | / | / | / |
| 1 | / | / | / |

풀이

답 _____

🎯 대표 유형 **06**

**04** 각 상자에 든 도토리와 밤 수를 조사하여 그래프로 나타냈습니다. 도토리와 밤 수의 차가 두 번째로 큰 상자는 어느 것일까요?

**Tip** 👆
각 상자의 ○와 ×의 수를 세어 차를 구합니다.

상자에 든 도토리와 밤 수

| 수(개) \ 상자 | 가 | | 나 | | 다 | | 라 | |
|---|---|---|---|---|---|---|---|---|
| 4 | ○ | | | × | ○ | | | |
| 3 | ○ | | | × | ○ | × | ○ | × |
| 2 | ○ | | ○ | × | ○ | × | ○ | × |
| 1 | ○ | × | ○ | × | ○ | × | ○ | × |

○ 도토리
× 밤

풀이

답 _____

5

표와 그래프

🎯 대표 유형 **05**

**05** 주하네 반 학생들이 좋아하는 운동을 조사하여 표로 나타냈습니다. 태권도를 좋아하는 학생 수가 수영을 좋아하는 학생 수의 2배일 때 검도를 좋아하는 학생은 몇 명일까요?

좋아하는 운동별 학생 수

| 운동 | 수영 | 검도 | 태권도 | 줄넘기 | 합계 |
|------|------|------|--------|--------|------|
| 학생 수(명) | 5 | | | 6 | 28 |

풀이

답 _____

🎯 대표 유형 **04**

**06** 찬미네 모둠 학생들의 가족 수를 조사하여 나타낸 것입니다. 찬미네 가족 수와 진서네 가족 수가 같을 때 표와 그래프를 완성해 보세요.

Tip
조건과 그래프를 보고 표를 완성하고, 표를 보고 그래프를 완성합니다.

가족 수

| 이름 | 가족 수(명) |
|------|-----------|
| 찬미 | |
| 진서 | |
| 승우 | |
| 나희 | 5 |
| 합계 | 16 |

가족 수

| 가족 수(명) \ 이름 | 찬미 | 진서 | 승우 | 나희 |
|------|------|------|------|------|
| 5 | | | | |
| 4 | ○ | | | |
| 3 | ○ | | | |
| 2 | ○ | | | |
| 1 | ○ | | | |

풀이

◎ 대표 유형 **05**

**07** 수아네 반 학생들이 겨울 방학에 하고 싶은 일을 조사하여 표로 나타냈습니다. 스키를 타고 싶은 학생이 캠핑을 하고 싶은 학생보다 **3**명 더 많을 때 스키를 타고 싶은 학생은 몇 명일까요?

**Tip** 🔼

캠핑을 하고 싶은 학생 수를 ◻명이라 하고 식을 세워 봅니다.

하고 싶은 일별 학생 수

| 하고 싶은 일 | 캠핑하기 | 영화 보기 | 스키 타기 | 동물원 가기 | 합계 |
|---|---|---|---|---|---|
| 학생 수(명) | | 4 | | 3 | 22 |

풀이

답 _____

◎ 대표 유형 **07**

**08** 은주와 가을이가 **4**일 동안 접은 종이학 수를 조사하여 각각 그래프로 나타냈습니다. **2**개보다 많이 접은 날이 더 많은 사람이 **4**일 동안 접은 종이학은 모두 몇 개일까요?

은주가 접은 종이학 수

| 월 | ○ | ○ | ○ | |
|---|---|---|---|---|
| 화 | ○ | ○ | ○ | |
| 수 | ○ | ○ | | |
| 목 | ○ | ○ | ○ | ○ |
| 요일 ╱ 개수(개) | 1 | 2 | 3 | 4 |

가을이가 접은 종이학 수

| 월 | ○ | ○ | | |
|---|---|---|---|---|
| 화 | ○ | ○ | ○ | ○ |
| 수 | ○ | | | |
| 목 | ○ | ○ | ○ | |
| 요일 ╱ 개수(개) | 1 | 2 | 3 | 4 |

풀이

답 _____

5

표와 그래프

# 6

## 규칙 찾기

## 덧셈표, 곱셈표에서 규칙 찾기

교과서 개념

● 덧셈표에서 규칙 찾기

| + | 0 | 1 | 2 | 3 |
|---|---|---|---|---|
| 0 | 0 | 1 | 2 | 3 |
| 1 | 1 | 2 | 3 | 4 |
| 2 | 2 | 3 | 4 | 5 |
| 3 | 3 | 4 | 5 | 6 |

규칙

• 같은 줄에서 오른쪽으로 갈수록 1씩 커지는 규칙이 있습니다.
• ╱ 방향으로 같은 수들이 있는 규칙이 있습니다.

● 곱셈표에서 규칙 찾기

| × | 2 | 3 | 4 | 5 |
|---|---|---|---|---|
| 2 | 4 | 6 | 8 | 10 |
| 3 | 6 | 9 | 12 | 15 |
| 4 | 8 | 12 | 16 | 20 |
| 5 | 10 | 15 | 20 | 25 |

규칙

• 각 단의 수는 오른쪽으로 갈수록 단의 수만큼 커지는 규칙이 있습니다.
• 점선을 따라 접었을 때 만나는 수들은 서로 같습니다.

이외에도 덧셈표와 곱셈표에서 여러 가지 규칙을 찾을 수 있어요.

**01** 덧셈표를 보고 ▨ 으로 칠해진 수의 규칙을 찾아 ☐ 안에 알맞은 수를 써넣으세요.

| + | 3 | 5 | 7 | 9 |
|---|---|---|---|---|
| 2 | 5 | 7 | 9 | 11 |
| 4 | 7 | 9 | 11 | 13 |
| 6 | 9 | 11 | 13 | 15 |
| 8 | 11 | 13 | 15 | 17 |

9  →  11  →  13  →  15

+☐    +☐    +☐

아래로 내려갈수록 ☐ 씩 커지는 규칙이 있습니다.

>> 정답 및 풀이 **39**쪽

**02** 곱셈표를 완성하고, 완성한 곱셈표에서 규칙을 찾아 써 보세요.

| × | 3 | 4 | 5 | 6 |
|---|---|---|---|---|
| 3 | 9 | 12 | 15 | |
| 4 | 12 | 16 | | |
| 5 | 15 | | 25 | |
| 6 | | | | |

규칙 _____

_____

**활용 개념 1** 덧셈표, 곱셈표 완성하기

| + | 1 | ▲ | 5 | 7 |
|---|---|---|---|---|
| 1 | 2 | 4 | 6 | 8 |
| 3 | 4 | 6 | 8 | 10 |
| 5 | 6 | 8 | 10 | 12 |
| 7 | 8 | 10 | 12 | 14 |

① $1+▲=4$
→ $4-1=▲$, $▲=3$
② 규칙을 찾아 덧셈표를 완성합니다.
· 같은 줄에서 오른쪽으로 갈수록 2씩 커지는 규칙이 있습니다.
· 같은 줄에서 아래로 내려갈수록 2씩 커지는 규칙이 있습니다.

**03** 빈칸에 알맞은 수를 써넣으세요.

(1)

| + | 1 | 4 | | 10 |
|---|---|---|---|---|
| 1 | 2 | 5 | 8 | 11 |
| 3 | | 7 | 10 | 13 |
| 5 | | | 12 | 15 |
| | | | | 17 |

(2)

| × | 6 | | 8 | 9 |
|---|---|---|---|---|
| 6 | 36 | 42 | 48 | 54 |
| 7 | 42 | 49 | | 63 |
| | 48 | | 64 | |
| 9 | 54 | 63 | | |

# 무늬에서 규칙 찾기

**● 무늬에서 규칙 찾기**

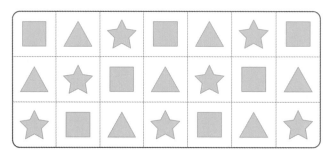

규칙
- ■, ▲, ★ 이 반복되는 규칙이 있습니다.
- ╱방향으로 똑같은 모양이 있는 규칙이 있습니다.

**01** 규칙을 찾아 ☐ 안에 알맞은 모양을 그려 넣고, 규칙을 써 보세요.

● ▲ ● ▲ ● ▲ ● ▲ ●  ☐ ☐

규칙 _____

_____

**02** 규칙을 찾아 빈칸에 알맞은 수를 써넣으세요.

| 1 | 1 | 6 | 3 | | |
|---|---|---|---|---|---|
| 6 | 3 | 1 | | | |

**03** 규칙을 찾아 빈 곳에 •을 알맞게 그려 보세요.

활용 개념 **1** 수가 늘어나는 규칙 알아보기

| | 2 | 3 | 4 |

규칙 • 빨간색 구슬과 파란색 구슬이 반복됩니다.
• 빨간색 구슬의 수가 하나씩 커집니다.

**04** 규칙을 찾아 ⬜ 안에 알맞은 모양을 그려 넣고, 규칙을 써 보세요.

규칙 _____

**05** 원이 쌓여 있는 그림을 보고 규칙을 찾아 ⬜ 안에 알맞은 모양을 그려 보세요.

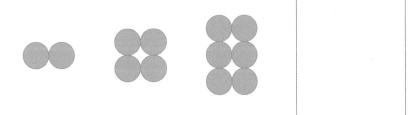

**06** 초록색 구슬과 보라색 구슬을 규칙적으로 실에 꿰고 있습니다. 규칙을 찾아 ⬜ 안에 알맞은 구슬의 색깔을 써 보세요.

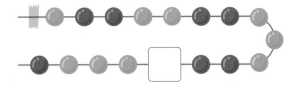

(           )

# 쌓은 모양에서 규칙 찾기, 생활에서 규칙 찾기

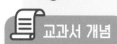 

◉ 쌓은 모양에서 규칙 찾기

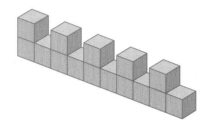

**규칙**

• 쌓기나무를 2층, 1층이 반복되게 쌓았습니다.

◉ 생활에서 규칙 찾기

**규칙**

• ☐ 안에 수들은 같은 줄에서 오른쪽으로 갈수록 1씩 커집니다.
• ☐ 안에 수들은 같은 줄에서 아래로 내려갈수록 3씩 작아집니다.

---

**01** 쌓기나무를 쌓은 규칙을 찾아 ☐ 안에 알맞은 수를 써넣으세요.

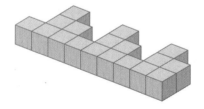

쌓기나무가 1개, ☐개, ☐개가 반복되는 규칙이 있습니다.

---

**02** 어느 공연장의 의자 번호를 나타낸 그림입니다. 율희의 자리가 다열 다섯째일 때 율희의 의자 번호는 몇 번일까요?

무대

첫째 둘째 셋째 …

가열 ① ② ③ ④ ⑤ ⑥

나열 ⑨ ⑩ ⑪ ⑫

다열

⋮

( )

**활용 개념 1** 달력에서 규칙 찾기

### 2월

| 일 | 월 | 화 | 수 | 목 | 금 | 토 |
|---|---|---|---|---|---|---|
| | | | | 1 | 2 | 3 |
| 4 | 5 | 6 | 7 | 8 | 9 | 10 |
| 11 | 12 | 13 | 14 | 15 | 16 | 17 |
| 18 | 19 | 20 | 21 | 22 | 23 | 24 |
| 25 | 26 | 27 | 28 | | | |

**규칙**

• 모든 요일은 7일마다 반복됩니다.
• 빨간색 점선에 놓인 수는 ╱ 방향으로 갈수록 6씩 커집니다.

**[03~05]** 어느 해 8월 달력의 일부분입니다. 물음에 답하세요.

### 8월

| 일 | 월 | 화 | 수 | 목 | 금 | 토 |
|---|---|---|---|---|---|---|
| | 1 | 2 | 3 | 4 | 5 | 6 |
| 7 | 8 | 9 | 10 | 11 | 12 | |
| 14 | 15 | 16 | 17 | 18 | | |
| 21 | 22 | 23 | 24 | | | |
| 28 | 29 | | | | | |

**03** ☐ 안에 알맞은 수를 써넣으세요.

일요일의 날짜는 ☐ 단 곱셈구구와 같은 규칙이 있습니다.

**04** 초록색 점선에 놓인 수의 규칙을 찾아 써 보세요.

규칙 _____

_____

**05** 초록색 점선에 놓인 수의 규칙을 이용하여 8월의 넷째 주 금요일은 며칠인지 구하세요.

( )

## 점선을 따라 접었을 때 만나는 수들은 서로 같다.

**⊕ 유형 솔루션**

| + | 1 | 2 | 3 | 4 |
|---|---|---|---|---|
| 1 | 2 | 3 | 4 | 5 |
| 2 | 3 | 4 | 5 | 6 |
| 3 | 4 | 5 | 6 | 7 |
| 4 | 5 | 6 | 7 | 8 |

빨간색 점선을 따라 접었을 때

4 와 만나는 칸: 4

두 수는 서로 같습니다.

**대표 유형 01**

덧셈표에서 빨간색 점선을 따라 접었을 때 ㉮, ㉯와 만나는 수의 합을 구하세요.

| + | 3 | 4 | 5 | 6 |
|---|---|---|---|---|
| 3 | 6 | ㉮ |   | 9 |
| 4 |   | 8 | ㉯ |   |
| 5 |   |   | 10 | 11 |
| 6 | 9 |   | 11 | 12 |

**풀이**

❶ 빨간색 점선을 따라 접었을 때 만나는 수들은 서로 (같습니다, 다릅니다).

❷ (㉮와 만나는 수)=㉮=3+ ☐ = ☐

(㉯와 만나는 수)=㉯= ☐ +5= ☐

❸ (두 수의 합)= ☐ + ☐ = ☐

답 _____

**예제** ✔ 곱셈표에서 빨간색 점선을 따라 접었을 때 ㉮, ㉯와 만나는 수의 합을 구하세요.

| × | 3 | 4 | 5 | 6 |
|---|---|---|---|---|
| 3 | 9 | | | 18 |
| 4 | | 16 | 20 | |
| 5 | ㉮ | 20 | 25 | |
| 6 | 18 | | ㉯ | 36 |

(                    )

**01-1**
**변형** 덧셈표에서 초록색 점선을 따라 접었을 때 ㉮, ㉯와 만나는 수의 차를 구하세요.

| + | 3 | 5 | 7 | 9 |
|---|---|---|---|---|
| 3 | 6 | ㉮ | 10 | 12 |
| 5 | | 10 | | |
| 7 | 10 | | 14 | |
| 9 | 12 | ㉯ | | 18 |

(                    )

**6**

규칙 찾기

**01-2**
**변형** 곱셈표에서 초록색 점선을 따라 접었을 때 ㉮, ㉯, ㉰와 만나는 수 중 가장 큰 수는 얼마인지 구하세요.

| × | 5 | 6 | 7 | 8 |
|---|---|---|---|---|
| 5 | 25 | 30 | ㉮ | |
| 6 | 30 | | 42 | |
| 7 | | 42 | 49 | ㉯ |
| 8 | | ㉰ | | |

(                    )

## 모든 요일은 7일마다 반복된다.

유형 솔루션

**3월**

| 일 | 월 | 화 | 수 | 목 | 금 | 토 |
|---|---|---|---|---|---|---|
| 첫째 주 → | | | | | 1 | 2 | 3 |
| 둘째 주 → 4 | 5 | 6 | 7 | 8 | 9 | 10 |
| 셋째 주 → 11 | 12 | 13 | 14 | 15 | | 17 |
| 넷째 주 → 18 | 19 | 20 | | | | 24 |

)+7
)+7
)+7

→ 넷째 주 토요일은
24일입니다.

대표 유형
**02**

어느 해 **9**월 달력의 일부분입니다. 셋째 주 목요일은 며칠일까요?

**9월**

| 일 | 월 | 화 | 수 | 목 | 금 | 토 |
|---|---|---|---|---|---|---|
| | 1 | 2 | 3 | 4 | 5 | 6 |
| 7 | 8 | 9 | 10 | 11 | | |

**풀이**

❶ 모든 요일은 ☐ 일마다 반복되는 규칙이 있습니다.

❷ 둘째 주 목요일이 ☐ 일이므로

셋째 주 목요일은 ☐ +7= ☐ (일)입니다.

답 _____

예제✔ 어느 해 **12**월 달력의 일부분입니다. 넷째 주 화요일은 며칠일까요?

**12월**

| 일 | 월 | 화 | 수 | 목 | 금 | 토 |
|---|---|---|---|---|---|---|
| | | 1 | 2 | 3 | 4 | 5 |
| 6 | 7 | 8 | 9 | 10 | 11 | 12 |

( )

>> 정답 및 풀이 **40~41**쪽

**02-1**
변형

어느 해 6월 달력의 일부분입니다. 이달의 금요일인 날짜를 모두 써 보세요.

| 6월 | | | | | | |
|---|---|---|---|---|---|---|
| 일 | 월 | 화 | 수 | 목 | 금 | 토 |
| | | 1 | 2 | 3 | 4 | 5 |
| 6 | 7 | 8 | 9 | 10 | | |

( )

**02-2**
변형

샛별이의 생일은 8월 10일입니다. 어느 해 샛별이의 생일이 둘째 주 토요일이고 우주의 생일은 같은 달 넷째 주 토요일이라고 할 때, 우주의 생일은 8월 며칠일까요?

( )

**6**

규칙 찾기

**02-3**
변형

어느 해 4월 달력의 일부분입니다. 셋째 주 월요일은 며칠일까요?

| 4월 | | | | | | |
|---|---|---|---|---|---|---|
| 일 | 월 | 화 | 수 | 목 | 금 | 토 |
| | | | 4 | 5 | 6 | 7 |

( )

# 덧셈표와 곱셈표의 규칙을 생각하자.

• 빈칸에 알맞은 수 구하기

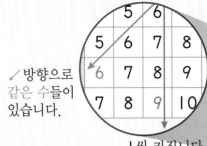

↙ 방향으로 같은 수들이 있습니다.

1씩 커집니다.
$8+1=9$

| + | 1 | 2 | 3 | 4 | 5 | 6 |
|---|---|---|---|---|---|---|
| 1 | 2 | 3 | 4 | 5 | 6 | 7 |
| 2 | 3 | 4 | 5 | 6 | 7 | 8 |
| 3 | 4 | 5 | 6 | 7 | 8 | 9 |
| 4 | 5 | 6 | 7 | 8 | 9 | 10 |
| 5 | | 7 | 8 | 9 | 10 | 11 |
| 6 | 7 | 8 | | 10 | 11 | 12 |

**대표 유형**
**03**

오른쪽은 덧셈표의 일부분입니다. ★에 알맞은 수를 구하세요.

| 3 | 4 | 5 | | |
|---|---|---|---|---|
| 4 | 5 | 6 | 7 | |
| | 6 | ★ | 8 | 9 |
| | | | 9 | |

**풀이**

❶ 같은 줄에서 오른쪽으로 갈수록 ☐ 씩 커지고, 아래로 내려갈수록 ☐ 씩 커지는 규칙이 있습니다.

❷ ★에 알맞은 수: 6+ ☐ = ☐

답 _____

**예제** 오른쪽은 덧셈표의 일부분입니다. ◆에 알맞은 수를 구하세요.

| 4 | 6 | 8 | | |
|---|---|---|---|---|
| | 8 | 10 | 12 | 14 |
| | 10 | 12 | ◆ | 16 |
| | | | 16 | 18 |

(            )

>> 정답 및 풀이 **41**쪽

**03-1** 변형

덧셈표의 일부분입니다. 빈칸에 알맞은 수를 써넣으세요.

| | | 5 | 8 | 11 |
|---|---|---|---|---|
| | | 8 | 11 | 14 |
| | 8 | 11 | 14 | 17 |
| | 11 | | 17 | |

**03-2** 변형

곱셈표의 일부분입니다. ㉠과 ㉡에 알맞은 수를 각각 구하세요.

| | 20 | 25 | 30 | 35 | |
|---|---|---|---|---|---|
| | 24 | 30 | 36 | ㉠ | 48 |
| 21 | 28 | ㉡ | 42 | 49 | |
| | | | 48 | 56 | |

㉠ (        )

㉡ (        )

**03-3** 발전

곱셈표의 일부분입니다. ♣와 ●에 알맞은 수를 각각 구하세요.

| 6 | 9 | 12 | | 18 | ♣ |
|---|---|---|---|---|---|
| 8 | 12 | | 20 | | |
| | | | 25 | | 35 |
| 12 | | | | | ● |

♣ (        )

● (        )

6

규칙 찾기

# 늘어나는 쌓기나무 개수의 규칙을 찾자.

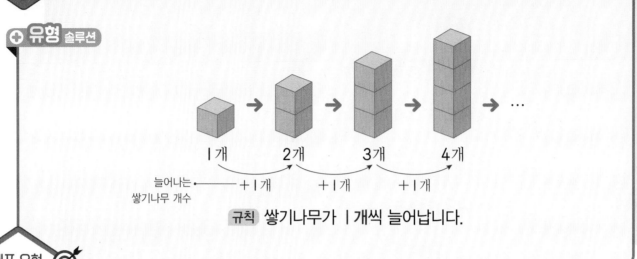

늘어나는
쌓기나무 개수 ●────+1개────+1개────+1개────

**규칙** 쌓기나무가 1개씩 늘어납니다.

**대표 유형**
## 04

규칙에 따라 쌓기나무를 쌓았습니다. 네 번째 모양을 쌓으려면 쌓기나무는 몇 개 필요할까요?

첫 번째      두 번째      세 번째

**풀이**

❶ 쌓기나무 개수를 세어 봅니다.

　• 첫 번째 모양: 2개

　• 두 번째 모양: 2+ □ = □ (개)

　• 세 번째 모양: □ + □ = □ (개)

❷ 쌓기나무가 □ 개씩 늘어나는 규칙이 있습니다.

❸ 규칙에 따라 네 번째 모양을 쌓으려면 쌓기나무는 6+ □ = □ (개) 필요합니다.

답 _____

>> 정답 및 풀이 **41~42**쪽

**예제✓** 규칙에 따라 쌓기나무를 쌓았습니다. 네 번째 모양을 쌓으려면 쌓기나무는 몇 개 필요할까요?

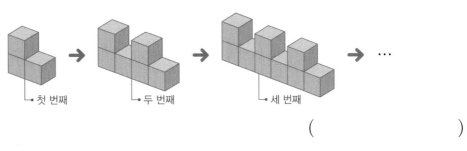

첫 번째　　　　두 번째　　　　세 번째

(　　　　　　　　　)

**04-1**
**변형** 규칙에 따라 쌓기나무를 쌓았습니다. 쌓기나무를 5층으로 쌓으려면 쌓기나무는 몇 개 필요할까요?

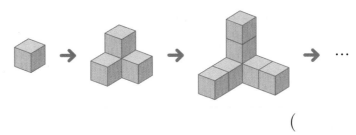

(　　　　　　　　　)

**04-2**
**발전** 규칙에 따라 상자를 쌓았습니다. 상자를 6층으로 쌓으려면 상자는 몇 개 필요할까요?

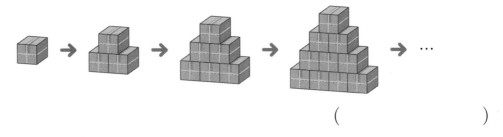

(　　　　　　　　　)

# 시계의 시각이 몇 분씩 지나는지 알아보자.

• 마지막 시계가 나타내는 시각 구하기

|시     |시 20분     |시 40분     2시

20분 후    20분 후    20분 후

**대표 유형 05**

규칙을 찾아 마지막 시계가 나타내는 시각은 몇 시 몇 분인지 구하세요.

**풀이**

❶ 시계의 시각을 순서대로 읽어 보고 몇 분씩 지나는지 알아봅니다.

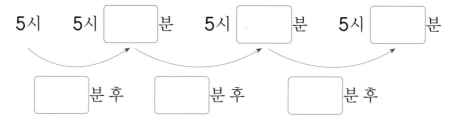

5시    5시 ☐ 분    5시 ☐ 분    5시 ☐ 분

☐ 분 후    ☐ 분 후    ☐ 분 후

❷ 시계의 시각이 5시부터 ☐ 분씩 지나는 규칙이 있습니다.

❸ 마지막 시계가 나타내는 시각:

5시 30분 ──── ☐ 분 후 ──→ ☐ 시 ☐ 분

답 _____

>> 정답 및 풀이 42쪽

예제 ✔ 규칙을 찾아 마지막 시계가 나타내는 시각은 몇 시 몇 분인지 구하세요.

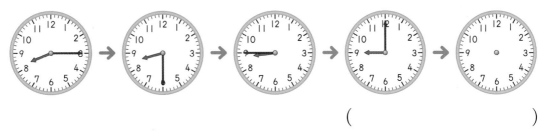

(          )

05-1 규칙을 찾아 마지막 시계에 시곗바늘을 알맞게 그려 넣으세요.

변형

6

규칙 찾기

05-2 버스 도착 시각을 시계로 나타낸 것입니다. 규칙을 찾아 7번째 버스의 도착 시각은 몇 시 몇 분인지 구하세요.

발전

1번째      2번째      3번째      4번째

(          )

## 두 가지 규칙을 각각 찾자.

● ■ ▲ ● ■ ▲ ● ?

모양  ○ □ △ ○ □ △ ○ □

색깔

? 에 알맞은 것: ■

대표 유형
**06**

규칙에 따라 빈칸에 알맞은 것을 찾아 ○표 하세요.

▲ ● ★ ▲ ● ★ ▲ ● ★ □
파란색 노란색

풀이

❶ 모양은 △, □, □ 이 반복되는 규칙이 있습니다.

→ 빈칸에 알맞은 모양: □

❷ 색깔은 파란색, □ 이 반복되는 규칙이 있습니다.

→ 빈칸에 알맞은 색깔: □

❸ 빈칸에 알맞은 것은 ( ★ , ▲ , ▲ , ● )입니다.

답 ___( ★ , ▲ , ▲ , ● )___

>> 정답 및 풀이 **43**쪽

**예제✓** 규칙에 따라 빈칸에 알맞은 것을 찾아 ○표 하세요.

( ■ , ▼ , ■ , ♣ )

**06-1** 규칙에 따라 빈칸에 알맞은 것을 찾아 ○표 하세요.

**변형**

( ▲ , ● , ▲ , ● )

**06-2** 규칙에 따라 빈칸에 알맞은 모양을 그려 넣고 색칠해 보세요.

**변형**

6

규
칙
찾
기

01 덧셈표에서 파란색 점선을 따라 접었을 때 ㉮, ㉯, ㉰와 만나는 수 중 가장 큰 수와 가장 작은 수의 합을 구하세요.  🎯 대표 유형 01

| + | 1 | 4 | 7 | 10 |
|---|---|---|---|---|
| 1 | 2 | ㉮ | 8 | 11 |
| 4 |  |  |  | ㉯ |
| 7 | 8 |  | 14 |  |
| 10 | 11 |  | ㉰ |  |

풀이

답 _____

02 어느 해 3월 달력의 일부분입니다. 이달에 목요일은 모두 몇 번 있을까요?  🎯 대표 유형 02

Tip
3월은 31일까지 있습니다.

| 3월 | | | | | | |
|---|---|---|---|---|---|---|
| 일 | 월 | 화 | 수 | 목 | 금 | 토 |
| 1 | 2 | 3 | 4 | 5 | 6 | 7 |
| 8 | 9 | 10 |  |  |  |  |

풀이

답 _____

**03** 덧셈표의 일부분입니다. ㉠과 ㉡에 알맞은 수의 합을 구하세요.

*⊙* 대표 유형 **03**

풀이

답 _____

**04** 규칙에 따라 빈칸에 알맞은 것을 찾아 ○표 하세요.

*⊙* 대표 유형 **06**

Tip

모양과 색깔의 규칙을 각각 알아봅니다.

풀이

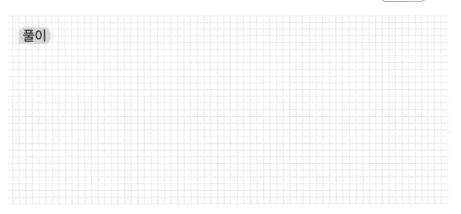

🎯 대표 유형 **05**

**05** 규칙을 찾아 마지막 시계가 나타내는 시각은 몇 시 몇 분인지 구하세요.

풀이

답 _____

🎯 대표 유형 **02**

**06** 어느 해 11월 달력의 일부분입니다. 넷째 주 금요일은 며칠일 까요?

Tip 🔖

모든 요일은 7일마다 반복됩니다.

| 11월 | | | | | | |
|---|---|---|---|---|---|---|
| 일 | 월 | 화 | 수 | 목 | 금 | 토 |
| | | | | 1 | 2 | 3 |

풀이

답 _____

🎯 대표 유형 **06**

**07** 규칙에 따라 빈칸에 알맞은 모양을 그려 넣고 색칠해 보세요.

풀이

🎯 대표 유형 **04**

**08** 규칙에 따라 쌓기나무를 쌓았습니다. 쌓기나무를 5층으로 쌓으려면 쌓기나무는 몇 개 필요할까요?

**Tip** 👆

늘어나는 쌓기나무 개수의 규칙을 찾아봅니다.

풀이

답 _____

**6**

규칙 찾기

# 이쯤에서 실력 체크

## 수학 단원평가

각종 학교 시험, 한 권으로 끝내자!

### 수학 단원평가

**초등 1~6학년(학기별)**

쪽지시험, 단원평가, 서술형 평가 등 다양한 수행평가에 맞는 최신 경향의 문제 수록
A, B, C 세 단계 난이도의 단원평가로 실력을 점검하고 부족한 부분을 빠르게 보충 가능
기본 개념 문제로 구성된 쪽지시험과 단원평가 5회분으로 확실한 단원 마무리

최고수준 S 복습책

상위권 진입 비결

2·2

# 1. 네 자리 수

**1**

**대표 유형 01**

영수의 저금통에는 1000원짜리 지폐 4장, 100원짜리 동전 46개, 10원짜리 동전 40개가 들어 있습니다. 저금통에 들어 있는 돈으로 5000원짜리 색연필을 살 때 남는 돈은 얼마일까요?

(            )

**2**

**대표 유형 02**

5장의 수 카드 중 4장을 골라 한 번씩만 사용하여 네 자리 수를 만들려고 합니다. 만들 수 있는 수 중에서 2600보다 작은 수는 모두 몇 개일까요?

| 6 | 0 | 4 | 2 | 9 |

(            )

**3**

**대표 유형 03**

네 사람이 한 달 동안 돌린 훌라후프 수입니다. 훌라후프를 영민, 혜영, 성현, 우찬 순서로 많이 돌렸다면 혜영이는 훌라후프를 몇 번 돌렸을까요?

(단, 훌라후프 수는 네 자리 수입니다.)

| 영민 | 혜영 | 성현 | 우찬 |
|---|---|---|---|
| □643번 | 9□□2번 | 96□7번 | 963□번 |

(            )

**4**

**대표 유형 04**

송미의 저금통에는 4월에 1200원이 들어 있었습니다. 5월부터 매달 1000원씩 저금한다면 저금통에 들어 있는 돈이 8200원이 되는 달은 몇 월일까요?

(             )

**5**

**대표 유형 05**

네 자리 수 8●24와 876●에서 ●는 서로 같은 수입니다. ●에 들어갈 수 있는 수는 모두 몇 개일까요?

8●24 > 876●

(             )

**6**

**대표 유형 06**

어떤 수에서 100씩 4번 뛰어 세어야 하는데 잘못하여 1000씩 4번 뛰어 세었더니 9436이 되었습니다. 바르게 뛰어 센 수를 구하세요.

(             )

**7** 대표 유형 07

조건 을 만족하는 네 자리 수는 모두 몇 개일까요?

> 조건
> · 3971보다 크고 4130보다 작은 수입니다.
> · 백의 자리 숫자와 일의 자리 숫자가 같습니다.

(           )

**8** 대표 유형 08

혁수가 가지고 있는 돈이 다음과 같습니다. 동전을 20개까지만 사용할 수 있을 때, 5000원을 만들 수 있는 방법은 모두 몇 가지일까요?

| 1000원짜리 지폐 | 500원짜리 동전 | 100원짜리 동전 |
|---|---|---|
| 4장 | 3개 | 25개 |

(           )

# 1. 네 자리 수

>> 정답 및 풀이 46쪽

본문 '실전 적용'의 반복학습입니다.

**1** 다음이 나타내는 수를 읽어 보세요.

1000이 6개, 100이 15개, 10이 28개, 1이 4개인 수

읽기 ______________________

**2** 큰 수부터 차례대로 기호를 써 보세요. (단, □ 안에는 0부터 9까지의 수가 들어갈 수 있습니다.)

㉠ 349□ ㉡ 4□12 ㉢ 35□8

( )

**3** 진아의 저금통에는 3010원이 들어 있습니다. 내일부터 매일 100원씩 4일 동안 저금한다면 저금통에 들어 있는 돈은 모두 얼마가 될까요?

( )

**4** 5장의 수 카드 중 4장을 골라 한 번씩만 사용하여 네 자리 수를 만들려고 합니다.
만들 수 있는 수 중에서 세 번째로 큰 수를 구하세요.

| 2 | 8 | l | 0 | 6 |

(           )

**5** 0부터 9까지의 수 중에서 ☐ 안에 들어갈 수 있는 수는 모두 몇 개일까요?

l265<l2☐8

(           )

**6** 어떤 수에서 l0씩 5번 뛰어 세면 6378이 됩니다. 어떤 수에서 l000씩 3번
뛰어 센 수를 구하세요.

(           )

**7** 테이프 한 개의 가격은 1000원입니다. 채란이가 가지고 있는 돈이 다음과 같을 때, 테이프 3개를 사고 가격에 맞게 돈을 낼 수 있는 방법은 모두 몇 가지일까요?

| 1000원짜리 지폐 | 500원짜리 동전 | 100원짜리 동전 |
|:---:|:---:|:---:|
| 3장 | 4개 | 15개 |

(          )

**8** 4장의 수 카드를 한 번씩만 사용하여 네 자리 수를 만들려고 합니다. 십의 자리 숫자가 4인 수 중 5000보다 작은 수는 모두 몇 개 만들 수 있을까요?

5     7     1     4

(          )

**9** 네 자리 수의 크기를 비교한 것입니다. ㉠과 ㉡에 들어갈 수 있는 두 수를 (㉠, ㉡)으로 나타낸다면 모두 몇 가지일까요?

$$957㉠ < 95㉡4$$

(          )

**10** **조건** 을 만족하는 네 자리 수는 모두 몇 개일까요?

**조건**
- 5000보다 크고 6000보다 작은 수입니다.
- 백의 자리 숫자와 십의 자리 숫자는 같습니다.
- 일의 자리 숫자는 천의 자리 숫자와 백의 자리 숫자의 합과 같습니다.

(          )

## 2. 곱셈구구

>> 정답 및 풀이 47쪽

본문 '유형 변형'의 반복학습입니다.

**대표 유형 01**

**1** 곱셈표에서 ㉠과 ㉡에 알맞은 수의 차를 구하세요.

| × | 4 | 5 | 6 | 7 | 8 | 9 |
|---|---|---|---|---|---|---|
| 5 |   |   |   |   |   |   |
| 6 |   |   |   |   | ㉠ |   |
|   |   |   | ㉡ |   |   | 63 |

( )

**대표 유형 02**

**2** 신영이가 과녁맞히기 놀이를 하여 오른쪽과 같이 맞혔습니다. 남은 화살은 1개이고, 얻은 점수가 정확히 45점이 되려면 남은 화살을 몇 점에 맞혀야 할까요?

( )

**대표 유형 03**

**3** 왼쪽 곱에서 오른쪽 곱을 빼면 5입니다. ☐ 안에 알맞은 수를 구하세요.

| $8 \times 4$ | $9 \times \square$ |
|---|---|

( )

**대표 유형 04**

**4** 붕어빵이 36개 있습니다. 그중에서 채연, 인선, 진주가 각각 4개씩 먹고, 남은 붕어빵을 한 봉지에 몇 개씩 모두 담았더니 6봉지가 되었습니다. 붕어빵을 한 봉지에 몇 개씩 담았을까요?

( )

**대표 유형 05**

**5** 같은 모양은 같은 수를 나타낼 때 ◆에 알맞은 수를 구하세요. (단, ●, ◆, ▲는 서로 다른 한 자리 수입니다.)

$$●+●+●+●+●+●=3●$$
$$◆×▲=●$$
$$◆-▲=1$$

( )

**대표 유형 06**

**6** 동물원에 호랑이, 기린, 앵무새가 모두 23마리 있습니다. 동물원에 있는 호랑이, 기린, 앵무새의 다리 수를 세어 보니 모두 80개였습니다. 기린이 8마리일 때 호랑이와 앵무새는 각각 몇 마리 있을까요?

호랑이 ( ), 앵무새 ( )

**7** <u>조건</u>을 만족하는 수는 모두 몇 개일까요?

> ┌ **조건** ─────────────────────
> 
> • 4단 곱셈구구의 값입니다.
> • 2×7보다 크고 3×9보다 작습니다.
> • 8단 곱셈구구의 값에도 있습니다.

(              )

**8** 그림에서 ▭ 안의 수는 양 끝의 ◯ 안에 있는 두 수의 곱입니다. 빈칸에 알맞은 수를 써넣으세요.

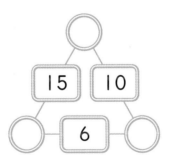

본문 '실전 적용'의 반복학습입니다.

**1** 곱셈표에서 ㉠과 ㉡에 알맞은 수의 합을 구하세요.

| × | 3 | 4 | 5 | 6 | 7 | 8 | 9 |
|---|---|---|---|---|---|---|---|
| 4 |   |   |   |   | ㉠ |   |   |
| 5 |   |   |   |   |   |   | ㉡ |

(                    )

**2** 성현이가 과녁맞히기 놀이를 하여 오른쪽과 같이 맞혔습니다.
성현이가 얻은 점수는 모두 몇 점일까요?

(                    )

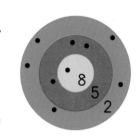

**3** 한 개에 8명씩 앉을 수 있는 긴 의자가 5개 있습니다. 이 긴 의자에 소윤이네 반
학생 21명이 앉았다면 몇 명이 더 앉을 수 있을까요?

(                    )

**4** 1부터 9까지의 수 중 ☐ 안에 들어갈 수 있는 수는 모두 몇 개일까요?

$$4 \times 7 < 9 \times \boxed{\phantom{0}}$$

(        )

**5** 같은 모양은 같은 수를 나타낼 때 ▲＋★의 값을 구하세요.

$$▲ \times ▲ = 2▲$$
$$▲ \times ★ = 30$$

(        )

**6** 젤리를 태희는 3개씩 8묶음 가지고 있고, 혜교는 7개씩 5묶음 가지고 있습니다. 누가 젤리를 몇 개 더 많이 가지고 있을까요?

(      ), (      )

**7** 왼쪽 곱에서 오른쪽 곱을 빼면 **2**입니다. ☐ 안에 알맞은 수를 구하세요.

$$5 \times \square \qquad 3 \times 6$$

(                              )

**8** 나리는 사슴벌레와 햄스터를 모두 **9**마리 키우고 있습니다. 나리가 키우는 사슴벌레와 햄스터의 다리 수를 세어 보니 모두 **42**개였다면 햄스터는 사슴벌레보다 몇 마리 더 많을까요? (단, 사슴벌레 한 마리의 다리는 **6**개이고 햄스터 한 마리의 다리는 **4**개입니다.)

(                              )

**9** 그림에서 ☐ 안의 수는 양 끝의 ○ 안에 있는 두 수의 곱입니다. ㉠에 알맞은 수를 구하세요.

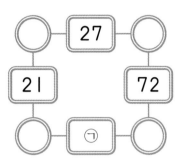

(                    )

**10** 조건 을 만족하는 수는 모두 몇 개일까요?

조건
• 6단 곱셈구구의 값입니다.
• 2×8을 두 번 더한 값보다 작습니다.
• 각 자리 숫자 중 하나는 2입니다.

(                    )

# 3. 길이 재기

본문 '유형 변형'의 반복학습입니다.

**대표 유형 01**

**1** 가전 제품의 긴 쪽의 길이를 다음과 같이 어림하고 자로 재었습니다. 자로 잰 길이에 가장 가깝게 어림한 가전 제품은 무엇일까요?

| 가전 제품 | 에어컨 | 냉장고 | 세탁기 |
|---|---|---|---|
| 어림한 길이 | 약 1 m 82 cm | 약 1 m 94 cm | 약 1 m 20 cm |
| 자로 잰 길이 | 2 m | 1 m 70 cm | 1 m 10 cm |

( )

**대표 유형 02**

**2** 같은 기호는 같은 수를 나타냅니다. ㉠, ㉡, ㉢, ㉣에 알맞은 수를 각각 구하세요.

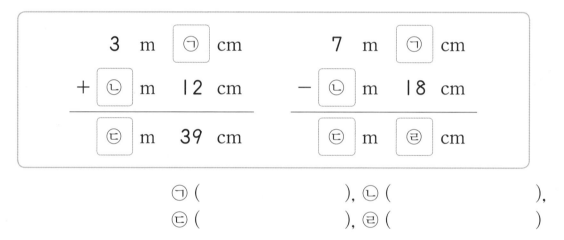

$$3 \ \text{m} \ \boxed{㉠} \ \text{cm} + \boxed{㉡} \ \text{m} \ 12 \ \text{cm} = \boxed{㉢} \ \text{m} \ 39 \ \text{cm}$$

$$7 \ \text{m} \ \boxed{㉠} \ \text{cm} - \boxed{㉡} \ \text{m} \ 18 \ \text{cm} = \boxed{㉢} \ \text{m} \ \boxed{㉣} \ \text{cm}$$

㉠ ( ), ㉡ ( ),
㉢ ( ), ㉣ ( )

**대표 유형 03**

**3** 시장에서 집까지 가려고 합니다. 공원과 체육관 중 어느 곳을 거쳐 가는 것이 몇 m 몇 cm 더 가까울까요?

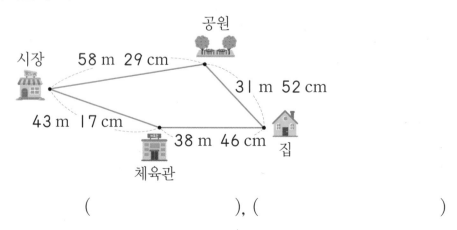

( ), ( )

**4** 대표 유형 04

㉯의 길이는 ㉮의 길이보다 4 m 13 cm 더 깁니다. ㉮의 길이가 6 m 25 cm 일 때, ㉰의 길이는 몇 m 몇 cm일까요?

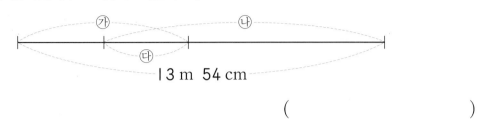

(                                    )

**5** 대표 유형 05

상욱이네 텃밭의 긴 쪽의 길이는 길이가 1 m 30 cm인 막대로 5번 잰 길이보다 20 cm 더 짧고, 짧은 쪽의 길이는 길이가 1 m 60 cm인 막대로 3번 잰 길이 보다 70 cm 더 깁니다. 텃밭의 긴 쪽과 짧은 쪽의 길이의 차는 몇 cm일까요?

(                                    )

**6** 대표 유형 06

철사를 겹치지 않게 구부려 마주 보는 두 변의 길이가 같은 사각형을 만들었다가 다시 펴서 삼각형을 만들었습니다. ㉠의 길이는 몇 m 몇 cm일까요?

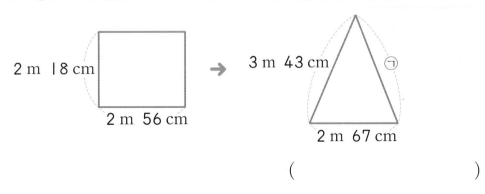

(                                    )

**1** 길이가 6 m인 끈을 보고 어림한 것입니다. 실제 길이에 더 가깝게 어림한 사람은 누구일까요?

> 태우: 끈의 길이는 약 5 m 83 cm야.
> 근영: 끈의 길이는 약 6 m 18 cm야.

(           )

**2** 도서관과 놀이터 중 집에서 어느 곳이 몇 m 몇 cm 더 멀까요?

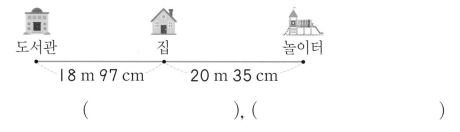

(        ), (        )

**3** 삼각형의 세 변의 길이의 합은 11 m 24 cm입니다. 변 ㄱㄷ의 길이는 몇 m 몇 cm일까요?

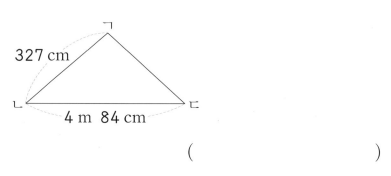

(           )

**4** ☐ 안에 알맞은 수를 써넣으세요.

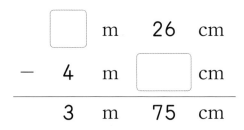

**5** ㉠에서 ㉣까지의 길이가 6 m 17 cm일 때, ㉡에서 ㉢까지의 길이는 몇 m 몇 cm일까요?

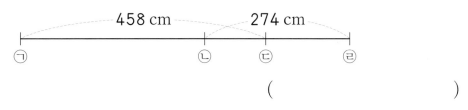

(             )

**6** ◆, ▲에 알맞은 수를 각각 구하세요.

◆ m 24 cm＋19 m ▲ cm＝27 m 43 cm

◆ (        ), ▲ (        )

**7** 미끄럼틀의 높이를 재어 보니 오른쪽과 같았습니다. 이 미끄럼틀의 높이를 동희는 약 2 m 71 cm, 명훈이는 약 3 m 28 cm, 예지는 약 285 cm라고 어림하였습니다. 미끄럼틀의 실제 높이에 가장 가깝게 어림한 사람은 누구일까요?

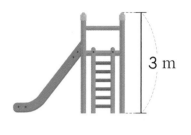

3 m

(                    )

**8** ㉠에서 ㉢까지의 길이는 몇 m 몇 cm일까요?

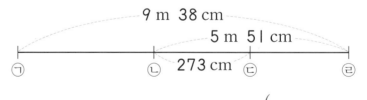

9 m 38 cm

5 m 51 cm

㉠          ㉡   273 cm  ㉢          ㉣

(                    )

**9** 대화를 읽고 수연이가 말한 길이와 승호가 말한 길이의 합은 몇 m 몇 cm인지 구하세요.

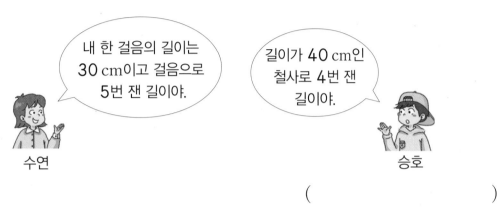

내 한 걸음의 길이는 30 cm이고 걸음으로 5번 잰 길이야.

수연

길이가 40 cm인 철사로 4번 잰 길이야.

승호

(              )

**10** 사각형의 네 변의 길이의 합은 13 m 27 cm입니다. 변 ㄴㄷ의 길이는 변 ㄱㄹ의 길이의 2배일 때 변 ㄴㄷ의 길이는 몇 m 몇 cm일까요?

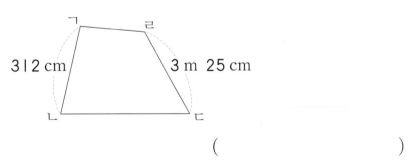

312 cm                  3 m 25 cm

(              )

## 4. 시각과 시간

본문 '유형 변형'의 반복학습입니다.

**대표 유형 01**

**1** 도서관에 가기 위해 오늘 오후에 민주, 은수, 지영이가 각자 집에서 출발한 시각입니다. 가장 먼저 출발한 사람은 누구일까요?

> 민주: 나는 4시 14분에 출발했어.
> 은수: 나는 4시 6분 전에 출발했어.
> 지영: 나는 3시 56분에 출발했어.

(            )

**대표 유형 02**

**2** 오른쪽은 거울에 비친 시계입니다. 시계가 나타내는 시각에서 40분 후는 몇 시 몇 분일까요?

(          )

**대표 유형 03**

**3** 우진이는 집에서 나와 40분 동안 걷고, 50분 동안 자전거를 탄 후 놀이공원에 도착했습니다. 우진이가 8시 40분에 집에서 나왔다면 놀이공원에 도착한 시각은 몇 시 몇 분일까요?

(            )

**4** 대표 유형 **04**

오른쪽은 어느 해 5월 달력의 일부분입니다.
같은 해 6월 6일 현충일은 무슨 요일일까요?

| 5월 | | | | | | |
|---|---|---|---|---|---|---|
| 일 | 월 | 화 | 수 | 목 | 금 | 토 |
| | 1 | 2 | 3 | 4 | 5 | 6 |
| 7 | 8 | 9 | 10 | 11 | 12 | |
| 14 | 15 | 16 | | | | |

( )

**5** 대표 유형 **05**

시계의 긴바늘은 숫자 8을 가리키고, 짧은바늘은 숫자 7에 가장 가까이 있습니다. 이 시계의 긴바늘이 3바퀴 더 돌았을 때 시계가 나타내는 시각은 몇 시 몇 분일까요?

( )

**6** 대표 유형 **06**

오른쪽은 어린이 과학 박람회 포스터입니다. 어린이 과학 박람회가 20일 동안 열릴 때 박람회가 끝나는 날은 몇 월 며칠일까요? (단, 중간에 쉬는 날은 없습니다.)

어린이 과학 박람회

■ 기간
4월 20일~○월 △일

( )

**7** 대표 유형 **07**

민지와 새롬이가 스케이트를 타기 시작한 시각과 끝낸 시각입니다. 스케이트를 더 오래 탄 사람은 누구일까요?

| | 시작한 시각 | 끝낸 시각 |
|---|---|---|
| 민지 | 오전 10시 25분 | 오전 11시 35분 |
| 새롬 | 오후 2시 40분 | 오후 4시 |

( )

**1** 오늘 오전에 은아, 민성, 수린이가 공항에 도착한 시각입니다. 가장 늦게 도착한 사람은 누구일까요?

은아　　　　민성　　　　수린

(　　　　　　　　　)

**2** 거울에 비친 시계입니다. 시계가 나타내는 시각은 몇 시 몇 분일까요?

(　　　　　　　　　)

**3**  소정이네 학교 수학 경시대회 신청 기간은 7월 26일부터 8월 15일까지입니다. 신청 기간은 모두 며칠일까요?

( )

**4**  어느 해 9월 1일은 금요일입니다. 같은 해 9월의 마지막 날은 무슨 요일일까요?

( )

**5**  규호가 오후에 축구 연습을 시작한 시각과 끝낸 시각입니다. 규호가 축구 연습을 한 시간은 몇 시간 몇 분일까요?

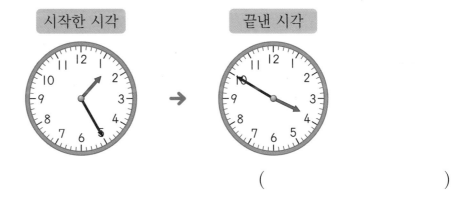

시작한 시각 → 끝낸 시각

( )

**6** 연주와 세호가 배드민턴 연습을 시작한 날짜와 끝낸 날짜입니다. 이 기간에 매일 배드민턴 연습을 했다면 배드민턴 연습 기간이 더 긴 사람은 누구일까요?

| | 시작한 날짜 | 끝낸 날짜 |
|---|---|---|
| 연주 | 4월 20일 | 5월 16일 |
| 세호 | 7월 25일 | 8월 23일 |

(         )

**7** 리아의 생일은 10월 3일입니다. 어느 해 11월 달력의 일부분일 때 같은 해의 리아의 생일은 무슨 요일이었을까요?

| | | 11월 | | | | |
|---|---|---|---|---|---|---|
| 일 | 월 | 화 | 수 | 목 | 금 | 토 |
| | | | 1 | 2 | 3 | 4 |
| | 7 | 8 | 9 | 10 | 11 | |

(         )

**8** 시계의 긴바늘은 숫자 2에서 작은 눈금 3칸을 더 간 곳을 가리키고, 짧은바늘은 숫자 5에 가장 가까이 있습니다. 시계가 나타내는 시각은 몇 시 몇 분일까요?

( )

**9** 리호는 1시 20분에 낮잠을 자기 시작하여 1시간 50분 동안 낮잠을 잤습니다. 리호가 낮잠에서 깬 시각은 몇 시 몇 분일까요?

( )

**10** 희욱이네 가족은 스키장에 다녀왔습니다. 어제 오후 5시에 출발하여 오늘 오전 9시 40분에 돌아왔다면 희욱이네 가족이 스키장에 다녀오는 데 걸린 시간은 몇 시간 몇 분일까요?

( )

# 5. 표와 그래프

**1**

**대표 유형 01**

재석이네 모둠 학생들이 가지고 있는 사탕 수를 조사하여 그래프로 나타냈습니다. 예빈이보다 사탕을 많이 가지고 있는 학생들의 사탕 수의 합은 몇 개일까요?

사탕 수

| 사탕 수(개) \ 이름 | 재석 | 찬우 | 슬기 | 예빈 | 승찬 |
|---|---|---|---|---|---|
| 5 | | | ○ | | |
| 4 | | | ○ | | ○ |
| 3 | ○ | | ○ | | ○ |
| 2 | ○ | | ○ | ○ | ○ |
| 1 | ○ | ○ | ○ | ○ | ○ |

(                              )

**2**

**대표 유형 02**

교진이네 반 학생들이 좋아하는 과일을 조사한 자료와 표입니다. ㉠에 알맞은 과일과 ㉡에 알맞은 수를 각각 써 보세요.

좋아하는 과일

| | | | | |
|---|---|---|---|---|
| 귤 | 감 | 감 | 포도 | 사과 |
| 포도 | 사과 | 포도 | 귤 | 귤 |
| 사과 | 귤 | 귤 | ㉠ | 감 |

좋아하는 과일별 학생 수

| 과일 | 감 | 귤 | 사과 | 포도 | 합계 |
|---|---|---|---|---|---|
| 학생 수(명) | 3 | ㉡ | 3 | 4 | |

㉠ (                    ), ㉡ (                    )

**3** 대표 유형 03

어느 빵집에서 오후에 팔린 빵을 조사하여 나타낸 그래프에 물감이 묻어 일부가 보이지 않습니다. 오후에 팔린 빵은 모두 12개이고 팔린 소금빵과 식빵 수가 같을 때, 오후에 팔린 초코빵은 몇 개일까요?

팔린 빵 수

| 빵 수(개) \ 종류 | 소금빵 | 초코빵 | 식빵 | 크림빵 |
|---|---|---|---|---|
| 4 | | | | × |
| 3 | | | | × |
| 2 | | | × | × |
| 1 | | | × | × |

( )

**4** 대표 유형 04

인우네 모둠 학생들이 받고 싶은 선물을 조사하여 나타낸 것입니다. 인형을 받고 싶은 학생 수와 책을 받고 싶은 학생 수가 같을 때, 표와 그래프를 완성해 보세요.

받고 싶은 선물별 학생 수

| 선물 | 인형 | 책 | 축구공 | 합계 |
|---|---|---|---|---|
| 학생 수(명) | | | 4 | |

받고 싶은 선물별 학생 수

| 학생 수(명) \ 선물 | 인형 | 책 | 축구공 |
|---|---|---|---|
| 4 | | | |
| 3 | | | |
| 2 | ○ | | |
| 1 | ○ | | |

**5** 대표 유형 05

성희네 반 학생들이 학예회에서 하고 싶은 공연을 조사하여 표로 나타냈습니다. 합창을 하고 싶은 학생과 연극을 하고 싶은 학생 수가 같을 때 연극을 하고 싶은 학생은 몇 명일까요?

하고 싶은 공연별 학생 수

| 공연 | 합창 | 무용 | 연극 | 패션쇼 | 합계 |
|---|---|---|---|---|---|
| 학생 수(명) | | 8 | | 4 | 26 |

( )

**대표 유형 06**

**6** 정민이네 반과 현주네 반 학생들이 가 보고 싶은 국가를 조사하여 그래프로 나타 냈습니다. 가장 많은 학생들이 가 보고 싶은 국가는 어디일까요?

가 보고 싶은 국가별 학생 수

| 학생 수(명) \ 국가 | 미국 | 스위스 | 일본 | 독일 |
|---|---|---|---|---|
| 6 |  |  |  | / ○ |
| 5 |  | ○ |  | / ○ |
| 4 | / | ○ | / | ○ / |
| 3 | ○ / | ○ / | ○ / | ○ / |
| 2 | ○ / | ○ / | ○ / | ○ / |
| 1 | ○ / | ○ / | ○ / | ○ / |

○ 정민이네 반
/ 현주네 반

(                    )

**대표 유형 07**

**7** 라온이네 학교와 민선이네 학교에서 로봇 대회에 참가한 학생 수를 반별로 조사하 여 각각 그래프로 나타냈습니다. 5명보다 많이 참가한 반이 더 적은 학교는 어느 학교일까요?

라온이네 학교

| 학생 수(명) \ 반 | 1반 | 2반 | 3반 | 4반 |
|---|---|---|---|---|
| 7 |  |  |  | ○ |
| 6 |  | ○ |  | ○ |
| 5 |  | ○ |  | ○ |
| 4 |  | ○ |  | ○ |
| 3 | ○ | ○ |  | ○ |
| 2 | ○ | ○ | ○ | ○ |
| 1 | ○ | ○ | ○ | ○ |

민선이네 학교

| 학생 수(명) \ 반 | 1반 | 2반 | 3반 | 4반 |
|---|---|---|---|---|
| 7 |  |  | ○ |  |
| 6 |  |  | ○ |  |
| 5 |  | ○ | ○ |  |
| 4 | ○ | ○ | ○ |  |
| 3 | ○ | ○ | ○ | ○ |
| 2 | ○ | ○ | ○ | ○ |
| 1 | ○ | ○ | ○ | ○ |

(                    )

# 5. 표와 그래프

>> 정답 및 풀이 **54**쪽

본문 '실전 적용'의 반복학습입니다.

**1** 승호네 모둠 학생들이 한 달 동안 읽은 동화책 수를 조사하여 그래프로 나타냈습니다. 동화책을 가장 많이 읽은 학생과 두 번째로 많이 읽은 학생이 읽은 동화책 수의 합은 몇 권일까요?

읽은 동화책 수

| 책 수(권) \ 이름 | 승호 | 민지 | 선예 | 혁진 |
|---|---|---|---|---|
| 5 | | | ○ | |
| 4 | | | ○ | |
| 3 | | ○ | ○ | |
| 2 | ○ | ○ | ○ | |
| 1 | ○ | ○ | ○ | ○ |

(         )

**2** 수정이네 모둠 학생 10명이 한 병씩 마신 우유를 조사하여 그래프로 나타냈습니다. 초코 우유를 마신 학생은 몇 명일까요?

우유별 학생 수

| 학생 수(명) \ 우유 | 초코 | 딸기 | 바나나 | 아몬드 |
|---|---|---|---|---|
| 4 | | | | ○ |
| 3 | | | | ○ |
| 2 | | | ○ | ○ |
| 1 | | ○ | ○ | ○ |

(         )

**3** 재우네 모둠 학생들이 태어난 달을 조사한 자료와 그래프입니다. 재우는 몇 월에 태어났을까요?

태어난 달

| 나연 | 4월 | 정진 | 7월 |
|---|---|---|---|
| 지수 | 3월 | 소진 | 4월 |
| 호민 | 7월 | 채린 | 4월 |
| 미주 | 3월 | 재우 | |
| 솔희 | 7월 | 민선 | 4월 |

태어난 달별 학생 수

| 4 | | / | |
|---|---|---|---|
| 3 | / | / | / |
| 2 | / | / | / |
| 1 | / | / | / |
| 학생 수(명) \ 달 | 3월 | 4월 | 7월 |

(                    )

**4** 각 상자에 든 풀과 테이프 수를 조사하여 그래프로 나타냈습니다. 풀과 테이프 수의 차가 두 번째로 작은 상자는 어느 것일까요?

상자에 든 풀과 테이프 수

| 5 | | | | ○ | | | | |
|---|---|---|---|---|---|---|---|---|
| 4 | | × | | ○ | | | | |
| 3 | ○ | × | | ○ | ○ | | | |
| 2 | ○ | × | | ○ | × | ○ | ○ | × |
| 1 | ○ | × | | ○ | × | ○ | × | ○ | × |
| 수(개) \ 상자 | 가 | | 나 | | 다 | | 라 | |

○ 풀
× 테이프

(                    )

**5** 라희네 반 학생들이 좋아하는 색깔을 조사하여 표로 나타냈습니다. 파란색을 좋아하는 학생 수가 노란색을 좋아하는 학생 수의 **3**배일 때 초록색을 좋아하는 학생은 몇 명일까요?

좋아하는 색깔별 학생 수

| 색깔 | 파란색 | 분홍색 | 노란색 | 초록색 | 합계 |
|---|---|---|---|---|---|
| 학생 수(명) | | 7 | 3 | | 29 |

(             )

**6** 진서네 모둠 학생들이 주말 농장에서 **1**분 동안 딴 딸기 수를 조사하여 나타낸 것입니다. 진서가 딴 딸기 수와 우희가 딴 딸기 수가 같을 때 표와 그래프를 완성해 보세요.

딴 딸기 수

| 이름 | 딸기 수(개) |
|---|---|
| 진서 | |
| 예지 | 3 |
| 선우 | |
| 우희 | |
| 합계 | 17 |

딴 딸기 수

| 5 | ○ | | | |
|---|---|---|---|---|
| 4 | ○ | | | |
| 3 | ○ | | | |
| 2 | ○ | | | |
| 1 | ○ | | | |
| 딸기 수(개) \ 이름 | 진서 | 예지 | 선우 | 우희 |

**7** 주희네 반 학생들이 하고 싶은 활동을 조사하여 표로 나타냈습니다. 요리를 하고 싶은 학생이 요가를 하고 싶은 학생보다 4명 더 많을 때 요리를 하고 싶은 학생은 몇 명일까요?

하고 싶은 활동별 학생 수

| 하고 싶은 활동 | 우쿨렐레 | 요리 | 요가 | 공예 | 합계 |
|---|---|---|---|---|---|
| 학생 수(명) | 6 |  |  | 7 | 27 |

( )

**8** 민지와 승희가 5일 동안 접은 튤립 수를 조사하여 각각 그래프로 나타냈습니다. 2개보다 많이 접은 날이 더 많은 사람이 5일 동안 접은 튤립은 모두 몇 개일까요?

민지가 접은 튤립 수

| 요일 \ 개수(개) | 1 | 2 | 3 | 4 |
|---|---|---|---|---|
| 월 | ○ | ○ |  |  |
| 화 | ○ | ○ | ○ |  |
| 수 | ○ | ○ | ○ | ○ |
| 목 | ○ |  |  |  |
| 금 | ○ | ○ |  |  |

승희가 접은 튤립 수

| 요일 \ 개수(개) | 1 | 2 | 3 | 4 |
|---|---|---|---|---|
| 월 | ○ |  |  |  |
| 화 | ○ | ○ | ○ | ○ |
| 수 | ○ | ○ |  |  |
| 목 | ○ | ○ | ○ |  |
| 금 | ○ | ○ | ○ |  |

( )

# 6. 규칙 찾기

>> 정답 및 풀이 **55**쪽

본문 '유형 변형'의 반복학습입니다.

**대표 유형 01**

**1** 곱셈표에서 빨간색 점선을 따라 접었을 때 ㉮, ㉯, ㉰와 만나는 수 중 가장 큰 수는 얼마인지 구하세요.

| × | 4 | 5 | 6 | 7 |
|---|---|---|---|---|
| 4 | 16 | | 24 | 28 |
| 5 | ㉮ | 25 | | ㉯ |
| 6 | 24 | | 36 | |
| 7 | 28 | | ㉰ | 49 |

(                    )

**대표 유형 02**

**2** 어느 해 8월 달력의 일부분입니다. 셋째 주 화요일은 며칠일까요?

| 8월 | | | | | | |
|---|---|---|---|---|---|---|
| 일 | 월 | 화 | 수 | 목 | 금 | 토 |
| | | | | 3 | 4 | 5 |

(                    )

**대표 유형 03**

**3** 곱셈표의 일부분입니다. ♥와 ★에 알맞은 수를 각각 구하세요.

| 2 | 4 | | | 10 | ♥ |
|---|---|---|---|---|---|
| | 6 | 9 | | | |
| | | | | 20 | 24 |
| | 10 | | | | ★ |

♥ (                    )

★ (                    )

**4**
대표 유형 **04**

규칙에 따라 상자를 쌓았습니다. 상자를 6층으로 쌓으려면 상자는 몇 개 필요할까요?

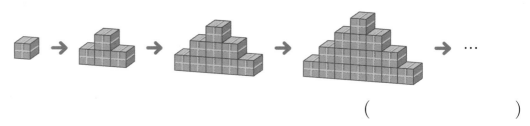

(                    )

**5**
대표 유형 **05**

기차 도착 시각을 시계로 나타낸 것입니다. 규칙을 찾아 7번째 기차의 도착 시각은 몇 시 몇 분인지 구하세요.

| 1번째 | 2번째 | 3번째 | 4번째 |

(                    )

**6**
대표 유형 **06**

규칙에 따라 빈칸에 알맞은 모양을 그려 넣고 색칠해 보세요.

>> 정답 및 풀이 **55**쪽

본문 '실전 적용'의 반복학습입니다.

**1** 덧셈표에서 파란색 점선을 따라 접었을 때 ㉮, ㉯, ㉰와 만나는 수 중 가장 큰 수와 가장 작은 수의 합을 구하세요.

| + | 2 | 5 | 8 | 10 |
|---|---|---|---|---|
| 2 | | | ㉮ | 12 |
| 5 | | 10 | 13 | ㉯ |
| 8 | | 13 | 16 | ㉰ |
| 10 | 12 | | | |

(          )

**2** 어느 해 7월 달력의 일부분입니다. 이달에 목요일은 모두 몇 번 있을까요?

| 7월 | | | | | | |
|---|---|---|---|---|---|---|
| 일 | 월 | 화 | 수 | 목 | 금 | 토 |
| | 1 | 2 | 3 | 4 | 5 | 6 |

(          )

**3** 덧셈표의 일부분입니다. ㉠과 ㉡에 알맞은 수의 합을 구하세요.

| 0 | 4 | 8 | |
|---|---|---|---|
| 8 | ㉠ | 16 | 20 |
| 12 | 16 | 20 | 24 |
| | 20 | ㉡ | 28 |

(           )

**4** 규칙에 따라 빈칸에 알맞은 것을 찾아 ○표 하세요.

**5** 규칙을 찾아 마지막 시계가 나타내는 시각은 몇 시 몇 분인지 구하세요.

(               )

**6** 어느 해 12월 달력의 일부분입니다. 넷째 주 금요일은 며칠일까요?

| 12월 | | | | | | |
|---|---|---|---|---|---|---|
| 일 | 월 | 화 | 수 | 목 | 금 | 토 |
| | | | | | 1 | 2 |

(               )

**7** 규칙에 따라 빈칸에 알맞은 모양을 그려 넣고 색칠해 보세요.

**8** 규칙에 따라 쌓기나무를 쌓았습니다. 쌓기나무를 5층으로 쌓으려면 쌓기나무는 몇 개 필요할까요?

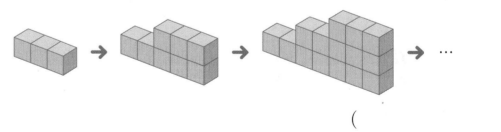

( )

우리 아이만
알고 싶은
상위권의
시작

완 성

최고수준

문제

초등수학

5-2

최고를
경험해 본 아이의 성취감은
학년이 오를수록
빛을 발합니다

* 1~6학년 / 학기 별 출시
동영상 강의 제공

복습은
이안에
있어!

최고수준S

문장을 읽고 이해하여 해결하는 연습을 하여
수학 문해력을 길러주는 문장제 연습 교재

초등 1~6학년 / 단계별

#끊어읽기
#문해력 어휘 백과
#문쌤제
#교과과 구하려는 것

🔍 문해력을 키우면 정답이 보인다

# 초등 문해력 독해가 힘이다
## 문장제 수학편 (초등 1~6학년 / 단계별)

짧은 문장 연습부터 긴 문장 연습까지
문장을 읽고 이해하여 해결하는 연습을 하여
수학 문해력을 길러주는 문장제 연습 교재

수학의 해법이 풀리다!

# 해결의 법칙 시리즈

## 단계별 맞춤 학습

개념, 유형, 응용의 단계별 교재로
교과서 차시에 맞춘 쉬운 개념부터
응용·심화까지 수학 완전 정복

## 혼자서도 OK!

이미지로 구성된 핵심 개념과 셀프 체크,
모바일 코칭 시스템과 동영상 강의로
자기주도 학습 및 홈 스쿨링에 최적화

## 300여 명의 검증

수학의 메카 천재교육 집필진과
300여 명의 교사·학부모의
검증을 거쳐 탄생한 친절한 교재

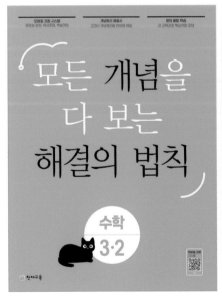

흔들리지 않는 탄탄한 수학의 완성! (초등 1~6학년 / 학기별)

상위권 진입 비결

상위권 진입 비결

# 상위권 진입 비결

# 최고수준 S

# 정답 및 풀이

BOOK 3

초등

2-2

# 정답 및 풀이
## 포인트 3가지

▶ 혼자서도 이해할 수 있는 친절한 문제 풀이

▶ 참고, 주의 등 자세한 풀이 제시

▶ 다른 풀이를 제시하여 다양한 방법으로 문제 풀이 가능

# 1 네 자리 수

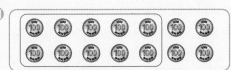 활용개념

**천, 몇천**

01 예

(100원짜리 동전 14개가 10개씩 묶여 있는 그림)

02 (1) 3000  (2) 8
03 (1) 칠천  (2) 4000
04 10, 50
05 6000, 육천
06 9000개

01 100이 10개이면 1000이므로 100원짜리 동전 10개를 묶습니다.

06 100이 90개인 수 ⇨ 9000

**네 자리 수, 각 자리 숫자가 나타내는 값**

01 (1) 7348  (2) 1296
02 5480에 ○표
03 (1) 1개  (2) 2개
04 ㉡

03 (1) 오천사백일 ⇨ 5401 ⇨ 0이 1개
   (2) 칠천육십 ⇨ 7060 ⇨ 0이 2개

04 각 수에서 7이 나타내는 값을 알아보면
   ㉠ 8726   ㉡ 7301   ㉢ 9574
      ↳700     ↳7000      ↳70
   ⇨ 7000>700>70이므로 7이 나타내는 값이
   가장 큰 수는 ㉡ 7301입니다.

**뛰어 세기, 수의 크기 비교**

01 (1) 6680, 7680, 8680
   (2) 9127, 9147, 9157
02 (1) >  (2) >  (3) <  (4) <
03 4526, 4426, 4226
04 2856에 ○표
05 배

01 (1) 천의 자리 수가 1씩 커지므로 1000씩 뛰어 센
   것입니다.
   (2) 십의 자리 수가 1씩 커지므로 10씩 뛰어 센 것
   입니다.

       ┌8>2┐
05 1685 > 1624 > 1039이므로
            └6>0┘
   가장 많이 팔린 과일은 배입니다.

유형변형

대표 유형 01  4678

| 1000이  3개 → | 3 | 0 | 0 | 0 |
| 100이  16개 → | 1 | 6 | 0 | 0 | → 1000이 1개, 100이 6개인 수와 같습니다.
| 10이  7개 → |  |  | 7 | 0 |
| 1이  8개 → |  |  |  | 8 |

|  | 4 | 6 | 7 | 8 |

**예제** 6472

| | | | |
|---|---|---|---|
| 1000이 | 6개 | ⇨ | 6000 |
| 100이 | 3개 | ⇨ | 300 |
| 10이 | 17개 | ⇨ | 170 |
| 1이 | 2개 | ⇨ | 2 |
| | | | 6472 |

**01-1** 삼천오백십칠

❶
| | | | |
|---|---|---|---|
| 1000이 | 2개 | ⇨ | 2000 |
| 100이 | 14개 | ⇨ | 1400 |
| 10이 | 11개 | ⇨ | 110 |
| 1이 | 7개 | ⇨ | 7 |
| | | | 3517 |

❷ 3517은 삼천오백십칠이라고 읽습니다.

**01-2** 6

❶
| | | | |
|---|---|---|---|
| 1000이 | 4개 | ⇨ | 4000 |
| 100이 | 28개 | ⇨ | 2800 |
| 10이 | 4개 | ⇨ | 40 |
| 1이 | 13개 | ⇨ | 13 |
| | | | 6853 |

❷ 6853에서 천의 자리 숫자: 6

**01-3** 6940원

❶
| | | | |
|---|---|---|---|
| 1000원짜리 지폐 | 5장 | ⇨ | 5000원 |
| 100원짜리 동전 | 19개 | ⇨ | 1900원 |
| 10원짜리 동전 | 4개 | ⇨ | 40원 |
| | | | 6940원 |

❷ 수영이가 가지고 있는 돈: 6940원

**01-4** 1000원

❶ 주아의 저금통에 들어 있는 돈:
| | | | |
|---|---|---|---|
| 1000원짜리 지폐 | 3장 | ⇨ | 3000원 |
| 100원짜리 동전 | 38개 | ⇨ | 3800원 |
| 10원짜리 동전 | 20개 | ⇨ | 200원 |
| | | | 7000원 |

❷ 7000은 8000보다 1000만큼 더 작은 수이므로 부족한 돈은 1000원입니다.

**대표 유형 02** 2058

❶ 수 카드의 수의 크기 비교: 0<2< 5 < 8

❷ 0은 천의 자리에 올 수 없으므로 천의 자리에 두 번째로 작은 수인 2 을/를 놓은 후 작은 수부터 차례대로 놓습니다.

➜ 가장 작은 네 자리 수: 2 0 5 8

| 예제 | 1046 | ❶ 수 카드의 수의 크기 비교: $0 < 1 < 4 < 6$ |
|---|---|---|

**예제** 1046

❶ 수 카드의 수의 크기 비교: $0 < 1 < 4 < 6$

❷ 0은 천의 자리에 올 수 없으므로 천의 자리에 두 번째로 작은 수인 1을 놓은 후 작은 수부터 차례대로 놓습니다.
⇨ 가장 작은 네 자리 수: 1046

**02-1** 9805

❶ 수 카드의 수의 크기 비교: $9 > 8 > 5 > 0$

❷ 가장 큰 네 자리 수: 9850
두 번째로 큰 네 자리 수: 9805

**02-2** 6307

❶ 수 카드의 수의 크기 비교: $0 < 3 < 6 < 7 < 9$

❷ 0은 천의 자리에 올 수 없고 3은 백의 자리에 놓아야 하므로
천의 자리에 6, 백의 자리에 3을 놓은 후 작은 수부터 차례대로 놓습니다.
⇨ 백의 자리 숫자가 3인 가장 작은 네 자리 수: 6307

**02-3** 12개

❶ 8400보다 커야 하므로 천의 자리 숫자는 8, 백의 자리 숫자는 4 또는 5입니다.

❷ 만들 수 있는 네 자리 수 중 천의 자리 숫자가 8, 백의 자리 숫자가 4인 수:
8452, 8450, 8425, 8420, 8405, 8402 ⇨ 6개
만들 수 있는 네 자리 수 중 천의 자리 숫자가 8, 백의 자리 숫자가 5인 수:
8542, 8540, 8524, 8520, 8504, 8502 ⇨ 6개

❸ 만들 수 있는 네 자리 수 중 8400보다 큰 수: $6 + 6 = 12$(개)

**대표 유형 03** ㉢, ㉡, ㉠

❶ 천의 자리 수를 비교하면 $\boxed{4} > \boxed{3}$ 이므로 ㉢이 가장 큽니다.

❷ 천의 자리 수가 같은 ㉠과 ㉡의 백의 자리 수를 비교하면
$\boxed{2} < \boxed{7}$ 이므로 $\boxed{㉠}$ 이 가장 작습니다.

❸ 큰 수부터 차례대로 기호를 쓰면 $\boxed{㉢}$, $\boxed{㉡}$, $\boxed{㉠}$ 입니다.

**예제** ㉢, ㉠, ㉡

❶ 천의 자리 수를 비교하면 $8 > 7$이므로 ㉡이 가장 작습니다.

❷ 천의 자리 수가 같은 ㉠과 ㉢의 백의 자리 수를 비교하면 $0 < 4$이므로 ㉢이 가장 큽니다.

❸ 큰 수부터 차례대로 기호를 쓰면 ㉢, ㉠, ㉡입니다.

**03-1** ㉠, ㉢, ㉡

❶ 천의 자리 수를 비교하면 $6 > 5$이므로 ㉠이 가장 작습니다.

❷ 천의 자리 수가 같은 ㉡과 ㉢의 백의 자리 수를 비교하면 $7 > 3$이므로 ㉡이 가장 큽니다.

❸ 작은 수부터 차례대로 기호를 쓰면 ㉠, ㉢, ㉡입니다.

**03-2** 승빈

❶ 천의 자리 수를 비교하면 9>8이므로 소윤이가 가장 적게 걸었습니다.

❷ 천의 자리 수가 같은 905◯와 9◯94 중 9◯94의 ◯ 안에 가장 작은 수 0이 들어가더라도 십의 자리 수를 비교하면 5<9이므로 9◯94가 가장 큽니다.

❸ 하루 동안 가장 많이 걸은 사람: 승빈


**03-3** 1963개

❶ 줄넘기 수를 큰 수부터 차례대로 쓰면 198◯>1◯72>1◯◯3>◯956이고 모두 네 자리 수이므로 우종이가 한 줄넘기는 1956개입니다.

❷ 성민이가 한 줄넘기 수:
 1◯72개는 1956개보다 많고 198◯개보다 적으므로 1972개입니다.

❸ 지연이가 한 줄넘기 수:
 1◯◯3개는 1956개보다 많고 1972개보다 적으므로 1963개입니다.


**대표 유형 04** 7600원

❶ 내일부터 매일 100원씩 4일 동안 저금하므로 저금하는 횟수는 | 4 |번입니다.

❷

❸ 저금통에 들어 있는 돈은 모두 | 7600 |원이 됩니다.


**예제** 3200원

❶ 내일부터 매일 100원씩 6일 동안 저금하므로 저금하는 횟수는 6번입니다.

❷ 2600−2700−2800−2900−3000−3100−3200
  (1일)  (2일)  (3일)  (4일)  (5일)  (6일)

❸ 저금통에 들어 있는 돈은 모두 3200원이 됩니다.


**04-1** 4800원

❶ 1000원짜리 지폐 2장 ⇨ 2000원
 500원짜리 동전 3개 ⇨ 1500원
 100원짜리 동전 8개 ⇨  800원
 ─────────────────
          4300원

❷ 내일부터 매일 100원씩 5일 동안 저금하므로 저금하는 횟수는 5번입니다.

❸ 4300−4400−4500−4600−4700−4800
  (1일)  (2일)  (3일)  (4일)  (5일)

❹ 저금통에 들어 있는 돈은 모두 4800원이 됩니다.


**04-2** 5700원

❶ 내일부터 매일 100원씩 4일 동안 간식을 사 먹으므로 사용하는 횟수는 4번입니다.

❷ 6100−6000−5900−5800−5700
  (1일)  (2일)  (3일)  (4일)

❸ 지갑에 남아 있는 돈은 5700원이 됩니다.

**04-3** 9840원

❶ 4월부터 10월까지 1000원씩 저금하는 횟수는 7번입니다.

❷ 2840-3840-4840-5840-6840-7840-8840-9840
(4월)　(5월)　(6월)　(7월)　(8월)　(9월)　(10월)

❸ 저금통에 들어 있는 돈은 모두 9840원이 됩니다.


**04-4** 12월

❶ 1700부터 7700이 될 때까지 1000씩 뛰어 세면
1700-2700-3700-4700-5700-6700-7700
(7월)　(8월)　(9월)　(10월)　(11월)　(12월)

❷ 저금통에 들어 있는 돈이 7700원이 되는 달은 12월입니다.


**대표 유형 05**

0, 1, 2, 3

❶ 천의 자리, 백의 자리 수가 각각 같고, 십의 자리 수를 비교하면

3>■이므로 ■에 들어갈 수 있는 수는 0, $\boxed{1}$, $\boxed{2}$ 입니다.

❷ ■=3일 때 2839>2830이므로 ■에는 $\boxed{3}$ 도 들어갈 수 있습니다.

❸ ■에 들어갈 수 있는 수: 0, $\boxed{1}$, $\boxed{2}$, $\boxed{3}$


**예제** 8, 9

❶ 천의 자리 수가 같고, 백의 자리 수를 비교하면

7<◯이므로 ◯ 안에 들어갈 수 있는 수는 8, 9입니다.

❷ ◯=7일 때 4746>4732이므로 ◯ 안에는 7이 들어갈 수 없습니다.

❸ ◯ 안에 들어갈 수 있는 수: 8, 9


**05-1** 4

❶ 천의 자리 수가 같고, 백의 자리 수를 비교하면

◯<5이므로 ◯ 안에 들어갈 수 있는 수는 0, 1, 2, 3, 4입니다.

❷ ◯=5일 때 2591>2573이므로 ◯ 안에는 5가 들어갈 수 없습니다.

❸ ◯ 안에 들어갈 수 있는 수: 0, 1, 2, 3, 4 ⇨ 가장 큰 수: 4


**05-2** 5, 6

❶ 3172>31◯6 ⇨ ◯=0, 1, 2, 3, 4, 5, 6

❷ 8◯54>8509 ⇨ ◯=5, 6, 7, 8, 9

❸ ◯ 안에 공통으로 들어갈 수 있는 수: 5, 6


**05-3** 3개

❶ 천의 자리 수가 ▲, 6이므로 ▲에 6, 7, 8, 9를 넣어 봅니다.

❷ ▲=6일 때 6234<6867 (×)

▲=7일 때 7234>6877 (◯)

▲=8일 때 8234>6887 (◯)

▲=9일 때 9234>6897 (◯)

❸ ▲에 들어갈 수 있는 수: 7, 8, 9 ⇨ 3개

**08-2** 7가지

❶ 김밥 한 줄의 가격이 3000원이므로 2줄의 가격은 6000원입니다.

❷ 1000원짜리 지폐를 5장, 4장, 3장 사용하는 경우로 나누어 알아봅니다.

| 1000원짜리 지폐 | 5장 | 5장 | 5장 | 4장 | 4장 | 4장 | 3장 |
|---|---|---|---|---|---|---|---|
| 500원짜리 동전 | 2개 | 1개 | · | 2개 | 1개 | · | 2개 |
| 100원짜리 동전 | · | 5개 | 10개 | 10개 | 15개 | 20개 | 20개 |

❸ 돈을 낼 수 있는 방법은 모두 7가지입니다.

**08-3** 8가지

❶ 1000원짜리 지폐를 5장, 4장, 3장, 2장 사용하여 5000원을 만들 수 있는 방법을 알아봅니다.

| 1000원짜리 지폐 | 5장 | 4장 | 4장 | 4장 | 3장 | 3장 | 3장 | 3장 | 2장 | 2장 |
|---|---|---|---|---|---|---|---|---|---|---|
| 500원짜리 동전 | · | 2개 | 1개 | · | 4개 | 3개 | 2개 | 1개 | 4개 | 3개 |
| 100원짜리 동전 | · | · | 5개 | 10개 | · | 5개 | 10개 | 15개 | 10개 | 15개 |

(×)    (×)

❷ ❶에서 동전을 15개까지만 사용하는 경우는 모두 8가지입니다.

실전
적용

28~31쪽

**01** 오천팔백삼십구

❶ 1000이  4개 ⇨ 4000
100이 17개 ⇨ 1700
10이 13개 ⇨  130
1이  9개 ⇨    9
⎯⎯⎯⎯⎯⎯⎯⎯
5839

❷ 5839는 오천팔백삼십구라고 읽습니다.

**02** ㉡, ㉢, ㉠

❶ 천의 자리 수를 비교하면 6＞5이므로 ㉠이 가장 큽니다.

❷ 천의 자리 수가 같은 ㉡과 ㉢의 백의 자리 수를 비교하면 4＜8이므로 ㉡이 가장 작습니다.

❸ 작은 수부터 차례대로 기호를 쓰면 ㉡, ㉢, ㉠입니다.

**03** 7170원

❶ 내일부터 매일 1000원씩 5일 동안 저금하므로 저금하는 횟수는 5번입니다.

❷ 2170-3170-4170-5170-6170-7170
　　　(1일)　(2일)　(3일)　(4일)　(5일)

❸ 저금통에 들어 있는 돈은 모두 7170원이 됩니다.

**04** 1047

❶ 수 카드의 수의 크기 비교: 0＜1＜4＜5＜7

❷ 가장 작은 네 자리 수: 1045
두 번째로 작은 네 자리 수: 1047

**05** 3개

❶ 천의 자리, 백의 자리 수가 각각 같고 십의 자리 수를 비교하면
  ☐>7이므로 ☐ 안에 들어갈 수 있는 수는 8, 9입니다.
❷ ☐=7일 때 6473>6472이므로 ☐ 안에는 7도 들어갈 수 있습니다.
❸ ☐ 안에 들어갈 수 있는 수: 7, 8, 9 ⇨ 3개

**06** 4169

❶ 어떤 수는 4539에서 100씩 거꾸로 4번 뛰어 센 수입니다.
❷ 4539-4439-4339-4239-4139에서 어떤 수는 4139입니다.
❸ 4139에서 10씩 3번 뛰어 센 수는 4139-4149-4159-4169이므로
  4169입니다.

**07** 6가지

❶ 샌드위치 한 개의 가격이 2000원이므로 2개의 가격은 4000원입니다.
❷ 1000원짜리 지폐를 4장, 3장, 2장 사용하는 경우로 나누어 알아봅니다.

| 1000원짜리 지폐 | 4장 | 3장 | 3장 | 3장 | 2장 | 2장 |
|---|---|---|---|---|---|---|
| 500원짜리 동전 | · | 2개 | 1개 | · | 2개 | 1개 |
| 100원짜리 동전 | · | · | 5개 | 10개 | 10개 | 15개 |

❸ 돈을 낼 수 있는 방법은 모두 6가지입니다.

**08** 2개

❶ 6000보다 커야 하므로 천의 자리 숫자는 6 또는 9이어야 하는데 9는 십의 자리
  에 놓아야 하므로 천의 자리에는 6을 놓습니다.
❷ 6☐9☐인 네 자리 수: 6392, 6293 ⇨ 2개

**09** 17가지

❶ 천, 백의 자리 수가 각각 같고, 십의 자리 수가 ㉠, 8이므로 ㉠에 8, 9를 넣어 봅니다.
❷ ㉠=8일 때 ㉡은 0부터 6까지의 수가 들어갈 수 있습니다.
  (8, 0), (8, 1), (8, 2), (8, 3), (8, 4), (8, 5), (8, 6) ⇨ 7가지
  ㉠=9일 때 ㉡은 0부터 9까지의 수가 들어갈 수 있습니다.
  (9, 0), (9, 1), (9, 2), (9, 3), (9, 4), (9, 5), (9, 6), (9, 7), (9, 8), (9, 9)
  ⇨ 10가지
❸ (㉠, ㉡)은 모두 7+10=17(가지)

**10** 7개

❶ 3000보다 크고 4000보다 작으므로 천의 자리 숫자는 3입니다.
❷ 십의 자리 숫자와 일의 자리 숫자가 같은 수는
  3☐00, 3☐11, 3☐22, 3☐33, 3☐44, 3☐55, 3☐66, 3☐77, 3☐88,
  3☐99입니다.
❸ 백의 자리 숫자는 천의 자리 숫자와 십의 자리 숫자의 합과 같으므로 조건을 만족하
  는 네 자리 수는 3300, 3411, 3522, 3633, 3744, 3855, 3966으로
  모두 7개입니다.

112~117쪽

## 활용 개념

### 표로 나타내기

**01**

| 학용품 | 연필 | 지우개 | 가위 | 합계 |
|---|---|---|---|---|
| 학생 수(명) | 5 | 3 | 2 | 10 |

**02** 4, 6, 5, 15

**03** 6명

**01** 합계: 5+3+2=10(명)

**02** 학생별 ○의 수를 세어 봅니다.
(합계)=4+6+5=15(개)

**03** (그림 그리기가 취미인 학생 수)
=18-7-5=6(명)

### 그래프로 나타내기

**01**

| 학생 수(명) \ 음식 | 햄버거 | 치킨 | 떡볶이 | 피자 |
|---|---|---|---|---|
| 4 | | | ○ | |
| 3 | ○ | | ○ | |
| 2 | ○ | ○ | ○ | |
| 1 | ○ | ○ | ○ | ○ |

**02**

| 나무 \ 학생 수(명) | 1 | 2 | 3 | 4 | 5 | 6 |
|---|---|---|---|---|---|---|
| 소나무 | / | / | / | / | / | / |
| 밤나무 | / | / | / | / | / | |
| 벚나무 | / | / | / | | | |

**03** 예 ○를 왼쪽에서 오른쪽으로 빈칸 없이 채우지 않았습니다.

**02** 표를 보고 왼쪽에서부터 한 칸에 하나씩 /을 그립니다.

### 표와 그래프의 내용 알아보기

**01** (1) 14명  (2) 3명

**02** 4월

**03** 시우

**01** (1) 합계가 14명이므로 조사한 학생은 모두 14명입니다.
(2) 기타를 배우고 있는 학생은 3명입니다.

**02** 그래프에서 4월에 ○의 수가 가장 많습니다.

**03**

색종이 수

| 색종이 수(장) \ 이름 | 찬희 | 시우 | 하림 |
|---|---|---|---|
| 4 | | ○ | |
| 3 | ○ | ○ | |
| 2 | | ○ | ○ |
| 1 | ○ | ○ | ○ |

3장을 기준으로 선을 그었을 때 ○가 선보다 위쪽에 있는 학생은 시우입니다.
⇨ 색종이를 3장보다 많이 가지고 있는 학생: 시우

## 유형 변형

118~131쪽

**대표 유형 01** 6명

❶ 사과를 좋아하는 학생 수: 4 명, 키위를 좋아하는 학생 수: 2 명

❷ 사과를 좋아하는 학생과 키위를 좋아하는 학생은 모두 4 + 2 = 6 (명)

| 예제 | 8명 |
|---|---|

❶ 귤을 좋아하는 학생 수: 5명, 감을 좋아하는 학생 수: 3명
❷ 귤을 좋아하는 학생과 감을 좋아하는 학생은 모두 5+3=8(명)

| 01-1 | 1명 |
|---|---|

❶ 민속촌에 가고 싶은 학생 수: 4명, 동물원에 가고 싶은 학생 수: 3명
❷ (학생 수의 차)=4-3=1(명)

| 01-2 | 12개 |
|---|---|

❶ 승연이가 가지고 있는 초콜릿 수: 2개
❷ 초콜릿을 2개보다 많이 가지고 있는 학생: 서우(5개), 나연(3개), 강빈(4개)
❸ (초콜릿 수의 합)=5+3+4=12(개)

| 대표 유형 02 | 보라색 |
|---|---|

❶ 조사한 자료에서 채아를 제외하고 좋아하는 색깔별 학생 수를 세어 봅니다.

　노란색: 2 명, 보라색: 3 명, 파란색: 2 명

❷ 표와 ❶에서 세어 본 학생 수가 다른 색깔: 보라색

❸ 채아가 좋아하는 색깔: 보라색

| 예제 | 나비 |
|---|---|

❶ 조사한 자료에서 준서를 제외하고 관찰한 곤충별 학생 수를 세어 보면
　나비: 2명, 잠자리: 2명, 개미: 3명
❷ 표와 ❶에서 세어 본 학생 수가 다른 곤충: 나비
❸ 준서가 관찰한 곤충: 나비

| 02-1 | 겨울 |
|---|---|

❶ 조사한 자료에서 현서를 제외하고 태어난 계절별 학생 수를 세어 보면
　봄: 4명, 여름: 3명, 가을: 2명, 겨울: 2명
❷ 그래프와 ❶에서 세어 본 학생 수가 다른 계절: 겨울
❸ 현서가 태어난 계절: 겨울

| 02-2 | 오이, 3 |
|---|---|

❶ 조사한 자료에서 ㉠을 제외하고 심고 싶은 채소별 학생 수를 세어 보면
　가지: 4명, 상추: 3명, 오이: 5명, 당근: 2명
❷ 표와 ❶에서 오이를 심고 싶은 학생 수가 다르므로 ㉠은 오이입니다. ⇨ ㉠: 오이
❸ ㉠이 오이이므로 상추를 심고 싶은 학생은 3명입니다. ⇨ ㉡: 3

| 대표 유형 03 | 5권 |
|---|---|

❶ 그래프에서 ○의 수를 세어 종류별 책 수를 알아봅니다.
　동화책: 4 권, 과학책: 3 권, 소설책: 3 권
❷ (위인전 수)=(전체 책 수)-(동화책 수)-(과학책 수)-(소설책 수)
　　　　　=15-4- 3 - 3 = 5 (권)

**예제** 3명

❶ A형: 4명, O형: 5명, AB형: 2명
❷ (B형인 학생 수)=14−4−5−2=3(명)

**03-1** 4명

❶ 바이올린: 4명, 드럼: 5명
❷ (하모니카를 배우고 싶은 학생 수)=(바이올린을 배우고 싶은 학생 수)=4명
❸ (피아노를 배우고 싶은 학생 수)=17−4−5−4=4(명)

**대표 유형 04** 풀이 참조

좋아하는 반려동물별 학생 수

| 동물 | 강아지 | 고양이 | 햄스터 | 합계 |
|------|------|------|------|------|
| 학생 수(명) | 6 | 5 | 3 | 14 |

좋아하는 반려동물별 학생 수

| 학생 수(명) | 강아지 | 고양이 | 햄스터 |
|------|------|------|------|
| 6 | ○ | | |
| 5 | ○ | ○ | |
| 4 | ○ | ○ | |
| 3 | ○ | ○ | ○ |
| 2 | ○ | ○ | ○ |
| 1 | ○ | ○ | ○ |

❶ 그래프를 보고 표를 완성해 봅니다.

• 그래프에서 고양이를 좋아하는 학생은 [5]명입니다.

• (햄스터를 좋아하는 학생 수)=14−6−[5]=[3](명)

❷ 표를 보고 그래프를 완성해 봅니다.

○를 아래에서부터 한 칸에 하나씩 강아지에 [6]개, 햄스터에 [3]개 그립니다.

**예제** 풀이 참조

좋아하는 김밥별 학생 수

| 김밥 | 야채 | 참치 | 치즈 | 합계 |
|------|------|------|------|------|
| 학생 수(명) | 3 | 6 | 4 | 13 |

좋아하는 김밥별 학생 수

| 학생 수(명) | 야채 | 참치 | 치즈 |
|------|------|------|------|
| 6 | | ○ | |
| 5 | | ○ | |
| 4 | | ○ | ○ |
| 3 | ○ | ○ | ○ |
| 2 | ○ | ○ | ○ |
| 1 | ○ | ○ | ○ |

❶ 표: • 그래프에서 야채김밥을 좋아하는 학생은 3명입니다.
• (치즈김밥을 좋아하는 학생 수)=13−3−6=4(명)
❷ 그래프: ○를 아래에서부터 한 칸에 하나씩 참치김밥에 6개, 치즈김밥에 4개 그립니다.

하고 싶은 운동별 학생 수

| 운동 | 농구 | 축구 | 야구 | 합계 |
|---|---|---|---|---|
| 학생 수(명) | 6 | 4 | 4 | 14 |

하고 싶은 운동별 학생 수

| 6 | ○ | | |
|---|---|---|---|
| 5 | ○ | | |
| 4 | ○ | ○ | ○ |
| 3 | ○ | ○ | ○ |
| 2 | ○ | ○ | ○ |
| 1 | ○ | ○ | ○ |
| 학생 수(명) \ 운동 | 농구 | 축구 | 야구 |

❶ 표: ・그래프에서 야구를 하고 싶은 학생은 4명입니다.
　　　・(축구를 하고 싶은 학생 수)=(야구를 하고 싶은 학생 수)=4명
　　　・(합계)=6+4+4=14(명)
❷ 그래프: ○를 아래에서부터 한 칸에 하나씩 농구에 6개, 축구에 4개 그립니다.

**대표 유형 05** 7개

❶ (영지가 캔 고구마 수)=(승현이가 캔 고구마 수)+$7$

$\qquad\qquad\qquad\quad=\boxed{8}+\boxed{7}=\boxed{15}$(개)

❷ (지호가 캔 고구마 수)=$\boxed{40}$$-10-8-\boxed{15}=\boxed{7}$(개)

**예제** 12자루

❶ (3모둠이 가지고 있는 연필 수)=13+5=18(자루)
❷ (2모둠이 가지고 있는 연필 수)=55-13-18-12=12(자루)

**05-1** 9명

❶ 딸기 우유를 좋아하는 학생이 초코 우유를 좋아하는 학생보다 5명 더 적으므로
　(딸기 우유를 좋아하는 학생 수)=12-5=7(명)
❷ (바나나 우유를 좋아하는 학생 수)=32-7-12-4=9(명)

**05-2** 7명

❶ 수영장에 다녀온 학생 수가 놀이공원에 다녀온 학생 수의 3배이므로
　(수영장에 다녀온 학생 수)=4×3=12(명)
❷ (과학관에 다녀온 학생 수)=26-12-3-4=7(명)

**05-3** 8권

❶ (4월과 6월에 읽은 책 수의 합)=43-13-14=16(권)
❷ 4월과 6월에 읽은 책 수를 각각 ◻권이라 하면 ◻+◻=16,
　8+8=16이므로 ◻=8
❸ 주성이가 6월에 읽은 책은 8권입니다.

**대표 유형 06** 수지

❶ 학생별 사탕과 젤리 수의 차를 각각 구해 봅니다.

민채: 5−4=1(개)  예성: 4− 4 = 0 (개)

수지: 6 −3= 3 (개)  주한: 4 −2= 2 (개)

❷ 사탕과 젤리 수의 차가 가장 큰 학생: 수지

---

**예제** 1반

❶ 1반: 5−4=1(개), 2반: 6−1=5(개), 3반: 5−2=3(개), 4반: 5−3=2(개)

❷ 축구공과 피구공 수의 차가 가장 작은 반: 1반

---

**06-1** 독도

❶ 강화도: 3+5=8(명), 거제도: 5+2=7(명), 독도: 6+4=10(명),

제주도: 3+6=9(명)

❷ 가장 많은 학생들이 가 보고 싶은 섬: 독도

---

**대표 유형 07**

영은이네 모둠

| 영은이네 모둠 | | | | |
|---|---|---|---|---|
| 4 | ○ | | | ○ |
| 3 | ○ | ○ | | ○ |
| 2 | ○ | ○ | ○ | ○ |
| 1 | ○ | ○ | ○ | ○ |
| 빈 병 수(개) \ 이름 | 영은 | 채원 | 승아 | 태민 |

| 성준이네 모둠 | | | | |
|---|---|---|---|---|
| 4 | | ○ | | |
| 3 | | ○ | | ○ |
| 2 | ○ | ○ | | ○ |
| 1 | ○ | ○ | ○ | ○ |
| 빈 병 수(개) \ 이름 | 성준 | 서하 | 하람 | 세연 |

❶ 2개를 기준으로 선을 긋고 ○가 그은 선보다 위쪽에 있는 학생을 알아봅니다.

• 영은이네 모둠: 영은, 채원 , 태민 ➡ 3 명

• 성준이네 모둠: 서하 , 세연 ➡ 2 명

❷ 모은 빈 병이 2개보다 많은 학생이 더 많은 모둠은 영은 이네 모둠입니다.

---

**예제** 시현이네 모둠

| 민찬이네 모둠 | | | | | |
|---|---|---|---|---|---|
| 민찬 | ○ | ○ | | | |
| 지현 | ○ | ○ | ○ | | |
| 도훈 | ○ | ○ | | | |
| 혜원 | ○ | ○ | ○ | ○ | ○ |
| 이름 \ 아이스크림 수(개) | 1 | 2 | 3 | 4 | 5 |

| 시현이네 모둠 | | | | | |
|---|---|---|---|---|---|
| 시현 | ○ | ○ | | | |
| 준수 | ○ | ○ | ○ | ○ | ○ |
| 소연 | ○ | ○ | ○ | ○ | |
| 태현 | ○ | ○ | ○ | | |
| 이름 \ 아이스크림 수(개) | 1 | 2 | 3 | 4 | 5 |

❶ 2개를 기준으로 선을 긋고 ○가 그은 선보다 오른쪽에 있는 학생을 알아봅니다.

• 민찬이네 모둠: 지현, 혜원 → 2명

• 시현이네 모둠: 준수, 소연, 태현 → 3명

❷ 일주일 동안 아이스크림을 2개보다 많이 먹은 학생이 더 많은 모둠: 시현이네 모둠

**07-1 예지네 학교**

수호네 학교

| 학생 수(명)＼반 | 1반 | 2반 | 3반 | 4반 |
|---|---|---|---|---|
| 7 | ○ | | | |
| 6 | ○ | ○ | | |
| 5 | ○ | ○ | | ○ |
| 4 | ○ | ○ | | ○ |
| 3 | ○ | ○ | ○ | ○ |
| 2 | ○ | ○ | ○ | ○ |
| 1 | ○ | ○ | ○ | ○ |

예지네 학교

| 학생 수(명)＼반 | 1반 | 2반 | 3반 | 4반 |
|---|---|---|---|---|
| 7 | | ○ | | |
| 6 | | ○ | | |
| 5 | | ○ | ○ | |
| 4 | ○ | ○ | ○ | |
| 3 | ○ | ○ | ○ | ○ |
| 2 | ○ | ○ | ○ | ○ |
| 1 | ○ | ○ | ○ | ○ |

❶ 4명을 기준으로 선을 긋고 ○가 그은 선보다 위쪽에 있는 반을 알아봅니다.
- 수호네 학교: 1반, 2반, 4반 → 3개의 반
- 예지네 학교: 2반, 3반 → 2개의 반

❷ 수학 경시대회에 4명보다 많이 참가한 반이 더 적은 학교: 예지네 학교

**실전 적용**

132~135쪽

**01** 5권

❶ 책을 가장 많이 읽은 학생: 승환(3권)
책을 두 번째로 많이 읽은 학생: 지예(2권)
❷ (읽은 책 수의 합)＝3＋2＝5(권)

**02** 3명

❶ 장미: 4명, 카네이션: 2명, 해바라기: 3명
❷ (튤립을 가져온 학생 수)＝12－4－2－3＝3(명)

**03** 과학자

❶ 조사한 자료에서 재희를 제외하고 장래 희망별 학생 수를 세어 보면
선생님: 2명, 경찰관: 4명, 과학자: 3명
❷ 그래프와 ❶에서 세어 본 학생 수가 다른 장래 희망: 과학자
❸ 재희의 장래 희망: 과학자

**04** 나

❶ 가: 4－1＝3(개), 나: 4－2＝2(개),
다: 4－3＝1(개), 라: 3－3＝0(개)
❷ 도토리와 밤 수의 차가 두 번째로 큰 상자: 나

**05** 7명

❶ 태권도를 좋아하는 학생 수는 수영을 좋아하는 학생 수의 2배이므로
   (태권도를 좋아하는 학생 수)=5×2=10(명)
❷ (검도를 좋아하는 학생 수)=28−5−10−6=7(명)

**06** 풀이 참조

가족 수

| 이름 | 가족 수(명) |
|------|------|
| 찬미 | 4 |
| 진서 | 4 |
| 승우 | 3 |
| 나희 | 5 |
| 합계 | 16 |

가족 수

| 가족 수(명) \ 이름 | 찬미 | 진서 | 승우 | 나희 |
|------|------|------|------|------|
| 5 | | | | ○ |
| 4 | ○ | ○ | | ○ |
| 3 | ○ | ○ | ○ | ○ |
| 2 | ○ | ○ | ○ | ○ |
| 1 | ○ | ○ | ○ | ○ |

❶ 표: ・그래프에서 찬미네 가족은 4명입니다.
      ・(진서네 가족 수)=(찬미네 가족 수)=4명
      ・(승우네 가족 수)=16−4−4−5=3(명)
❷ 그래프: ○를 아래에서부터 한 칸에 하나씩 진서에 4개, 승우에 3개, 나희에 5개를
      그립니다.

**07** 9명

❶ (캠핑을 하고 싶은 학생과 스키를 타고 싶은 학생 수의 합)=22−4−3=15(명)
❷ 캠핑을 하고 싶은 학생 수를 □명이라고 하면 스키를 타고 싶은 학생은 (□+3)명입
   니다.
❸ □+□+3=15, □+□=12이고 6+6=12이므로 □=6
   ⇨ (스키를 타고 싶은 학생 수)=□+3=6+3=9(명)

**08** 12개

은주가 접은 종이학 수

| 요일 \ 개수(개) | 1 | 2 | 3 | 4 |
|------|------|------|------|------|
| 월 | ○ | ○ | ○ | |
| 화 | ○ | ○ | ○ | |
| 수 | ○ | ○ | | |
| 목 | ○ | ○ | ○ | ○ |

가을이가 접은 종이학 수

| 요일 \ 개수(개) | 1 | 2 | 3 | 4 |
|------|------|------|------|------|
| 월 | ○ | ○ | | |
| 화 | ○ | ○ | ○ | ○ |
| 수 | ○ | | | |
| 목 | ○ | ○ | ○ | |

❶ 2개를 기준으로 선을 긋고 ○가 그은 선보다 오른쪽에 있는 날을 알아봅니다.
   ・은주: 월요일, 화요일, 목요일 → 3일
   ・가을: 화요일, 목요일 → 2일
❷ 종이학을 2개보다 많이 접은 날이 더 많은 사람: 은주
❸ (은주가 4일 동안 접은 종이학 수)=3+3+2+4=12(개)

**활용개념**

**덧셈표, 곱셈표에서 규칙 찾기**

**01** 2, 2, 2 / 2

**02**

| × | 3 | 4 | 5 | 6 |
|---|---|---|---|---|
| 3 | 9 | 12 | 15 | 18 |
| 4 | 12 | 16 | 20 | 24 |
| 5 | 15 | 20 | 25 | 30 |
| 6 | 18 | 24 | 30 | 36 |

/ ⓐ 각 단의 수는 오른쪽으로 갈수록 단의 수만큼 커집니다.

**03** (1) 풀이 참조  (2) 풀이 참조

**03** (1)

| + | 1 | 4 | ⑦ | 10 |
|---|---|---|---|---|
| 1 | 2 | 5 | 8 | 11 |
| 3 | 4 | 7 | 10 | 13 |
| 5 | 6 | 9 | 12 | 15 |
| ⑥ | 8 | 11 | 14 | 17 |

· 1+⑦=8
 ⇨ 8−1=⑦,
 ⑦=7
· ⑥+10=17
 ⇨ 17−10=⑥,
 ⑥=7

같은 줄에서 아래로 내려갈수록 2씩 커지는 규칙에 따라 빈칸을 채웁니다.

(2)

| × | 6 | ⑦ | 8 | 9 |
|---|---|---|---|---|
| 6 | 36 | 42 | 48 | 54 |
| 7 | 42 | 49 | 56 | 63 |
| ⑥ | 48 | 56 | 64 | 72 |
| 9 | 54 | 63 | 72 | 81 |

· 6×⑦=42,
 6×7=42이므로
 ⑦=7
· ⑥×6=48,
 8×6=48이므로
 ⑥=8

각 단의 수가 오른쪽으로 갈수록 단의 수만큼 커지는 규칙에 따라 빈칸을 채웁니다.

**무늬에서 규칙 찾기**

**01** ▲, ●

/ ⓐ ●, ▲가 반복되는 규칙이 있습니다.

**02** 1, 1 / 1, 6, 3   **03** ⊡

**04** ▶

/ ⓐ 삼각형과 사각형이 반복되고 삼각형이 1개씩 늘어납니다.

**05**    **06** 초록색

**02** 왼쪽 무늬에서 ▼, ▼, ◉, ♣가 반복되는 규칙이 있으므로 ▼는 1, ◉는 6, ♣는 3으로 바꾸어 1, 1, 6, 3이 반복되도록 오른쪽 빈칸에 알맞은 수를 써넣습니다.

**05** 원이 2개씩 늘어나는 규칙이 있으므로 ⊡ 안에는 원 6+2=8(개)를 그려야 합니다.

**06** 초록색 구슬과 보라색 구슬이 반복되고 초록색 구슬의 수가 하나씩 커지는 규칙이 있습니다.
 ⇨ 보라색 구슬 2개 다음에는 초록색 구슬 4개를 꿰어야 하므로 ⊡ 안에 알맞은 구슬은 초록색입니다.

**쌓은 모양에서 규칙 찾기, 생활에서 규칙 찾기**

**01** 3, 2          **02** 21번

**03** 7

**04** ⓐ 초록색 점선에 놓인 수는 ＼ 방향으로 갈수록 8씩 커집니다.

**05** 26일

**02** 뒤쪽으로 갈수록 의자 번호가 8씩 커지는 규칙이 있습니다. 가열 다섯째 자리가 5번이므로 율희의 자리는 5+8+8=21(번)입니다.

**05** 초록색 점선에 놓인 수는 ＼ 방향으로 갈수록 8씩 커지므로 넷째 주 금요일은 18+8=26(일)입니다.

**대표 유형 01** 16

❶ 빨간색 점선을 따라 접었을 때 만나는 수들은 서로 ((같습니다), 다릅니다).

❷ (㉮와 만나는 수)=㉮=3+ 4 = 7

  (㉯와 만나는 수)=㉯= 4 +5= 9

❸ (두 수의 합)= 7 + 9 = 16

**예제** 45

❶ 빨간색 점선을 따라 접었을 때 만나는 수들은 서로 같습니다.

❷ (㉮와 만나는 수)=㉮=5×3=15

  (㉯와 만나는 수)=㉯=6×5=30

❸ (두 수의 합)=15+30=45

**01-1** 6

❶ 초록색 점선을 따라 접었을 때 만나는 수들은 서로 같습니다.

❷ (㉮와 만나는 수)=㉮=3+5=8

  (㉯와 만나는 수)=㉯=9+5=14

❸ 8<14이므로 (두 수의 차)=14−8=6

**01-2** 56

❶ 초록색 점선을 따라 접었을 때 만나는 수들은 서로 같습니다.

❷ (㉮와 만나는 수)=㉮=5×7=35

  (㉯와 만나는 수)=㉯=7×8=56

  (㉲와 만나는 수)=㉲=8×6=48

❸ 56>48>35이므로 가장 큰 수는 56입니다.

**대표 유형 02** 18일

❶ 모든 요일은 7 일마다 반복되는 규칙이 있습니다.

❷ 둘째 주 목요일이 11 일이므로

  셋째 주 목요일은 11 +7= 18 (일)입니다.

**예제** 22일

❶ 모든 요일은 7일마다 반복되는 규칙이 있습니다.

❷ 둘째 주 화요일이 8일이므로 셋째 주 화요일은 8+7=15(일),

  넷째 주 화요일은 15+7=22(일)입니다.

**02-1** 4일, 11일,
18일, 25일

❶ 모든 요일은 7일마다 반복되는 규칙이 있습니다.

❷ 첫째 주 금요일이 4일이므로 이달의 금요일인 날짜는 4일, 4+7=11(일),
  11+7=18(일), 18+7=25(일)입니다.

**02-2** 24일

❶ 모든 요일은 7일마다 반복되는 규칙이 있습니다.

❷ 둘째 주 토요일이 10일이므로 셋째 주 토요일은 10+7=17(일),
  넷째 주 토요일은 17+7=24(일)입니다. ⇨ 우주의 생일은 8월 24일입니다.

**02-3** 16일

❶ 같은 줄에서 왼쪽으로 갈수록 1씩 작아지는 규칙이 있으므로 첫째 주 월요일은 2일입니다.

❷ 모든 요일은 7일마다 반복되는 규칙이 있습니다.

❸ 첫째 주 월요일이 2일이므로 둘째 주 월요일은 $2+7=9$(일), 셋째 주 월요일은 $9+7=16$(일)입니다.

**대표 유형 03** 7

❶ 같은 줄에서 오른쪽으로 갈수록 $\boxed{1}$씩 커지고, 아래로 내려갈수록 $\boxed{1}$씩 커지는 규칙이 있습니다.

❷ ★에 알맞은 수: $6+\boxed{1}=\boxed{7}$

**예제** 14

❶ 같은 줄에서 오른쪽으로 갈수록 2씩 커지고, 아래로 내려갈수록 2씩 커지는 규칙이 있습니다.

❷ ◆에 알맞은 수: $12+2=14$

**03-1** (위부터) 5, 14

❶ ╱ 방향으로 같은 수들이 있는 규칙이 있습니다.

❷ ㉠=5, ㉡=14

| | 5 | 8 | 11 |
|---|---|---|---|
| ㉠ | 8 | 11 | 14 |
| 8 | 11 | 14 | 17 |
| 11 | ㉡ | 17 | |

**03-2** 42, 35

❶ 위에서 두 번째 줄은 오른쪽으로 갈수록 6씩 커지는 규칙이 있습니다.

$36+6=㉠ \Rightarrow ㉠=42$

❷ 위에서 세 번째 줄은 오른쪽으로 갈수록 7씩 커지는 규칙이 있습니다.

$28+7=㉡ \Rightarrow ㉡=35$

**03-3** 21, 42

❶ 위에서 첫 번째 줄은 오른쪽으로 갈수록 3씩 커지는 규칙이 있습니다.

$18+3=♣ \Rightarrow ♣=21$

❷ $♣=3\times7=21$이므로 오른쪽에서 첫 번째 줄은 7단 곱셈구구입니다.

$35+7=● \Rightarrow ●=42$

**대표 유형 04** 8개

❶ 쌓기나무 개수를 세어 봅니다.

• 첫 번째 모양: 2개

• 두 번째 모양: $2+\boxed{2}=\boxed{4}$ (개)

• 세 번째 모양: $\boxed{4}+\boxed{2}=\boxed{6}$ (개)

❷ 쌓기나무가 $\boxed{2}$개씩 늘어나는 규칙이 있습니다.

❸ 규칙에 따라 네 번째 모양을 쌓으려면 쌓기나무는 $6+\boxed{2}=\boxed{8}$ (개) 필요합니다.

**예제** | 2개

❶ 쌓기나무 개수는 첫 번째: 3개, 두 번째: 3＋3＝6(개), 세 번째: 6＋3＝9(개)

❷ 쌓기나무가 3개씩 늘어나는 규칙이 있습니다.

❸ 네 번째 모양을 쌓으려면 쌓기나무는 9＋3＝12(개) 필요합니다.

---

**04-1** 13개

❶ 쌓기나무 개수는 1층일 때: 1개, 2층일 때: 1＋3＝4(개), 3층일 때: 4＋3＝7(개)

❷ 1층씩 늘어날 때마다 쌓기나무는 3개씩 늘어나는 규칙이 있습니다.

❸ 4층으로 쌓을 때: 7＋3＝10(개), 5층으로 쌓을 때: 10＋3＝13(개)

---

**04-2** 21개

❶ 상자의 개수는 1층일 때: 1개, 2층일 때: 1＋2＝3(개),

　3층일 때: 1＋2＋3＝6(개), 4층일 때: 1＋2＋3＋4＝10(개)

❷ 1층씩 늘어날 때마다 상자는 2개, 3개, 4개, … 늘어나는 규칙이 있습니다.

❸ 상자를 6층으로 쌓으려면 상자는 1＋2＋3＋4＋5＋6＝21(개) 필요합니다.

---

**대표 유형 05**

5시 40분

❶ 시계의 시각을 순서대로 읽어 보고 몇 분씩 지나는지 알아봅니다.

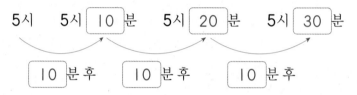

5시　　5시 [10] 분　　5시 [20] 분　　5시 [30] 분

[10] 분 후　　[10] 분 후　　[10] 분 후

❷ 시계의 시각이 5시부터 [10] 분씩 지나는 규칙이 있습니다.

❸ 마지막 시계가 나타내는 시각:

5시 30분 ──[10]분 후──▶ [5] 시 [40] 분

---

**예제** 9시 15분

❶ 8시 15분 ──15분 후──▶ 8시 30분 ──15분 후──▶ 8시 45분 ──15분 후──▶ 9시

❷ 시계의 시각이 8시 15분부터 15분씩 지나는 규칙이 있습니다.

❸ 마지막 시계가 나타내는 시각: 9시 ──15분 후──▶ 9시 15분

---

**05-1**

❶ 3시 ──30분 후──▶ 3시 30분 ──30분 후──▶ 4시 ──30분 후──▶ 4시 30분

❷ 시계의 시각이 3시부터 30분씩 지나는 규칙이 있습니다.

❸ 마지막 시계가 나타내는 시각: 4시 30분 ──30분 후──▶ 5시

　⇨ 짧은바늘이 숫자 5를 가리키고, 긴바늘이 숫자 12를 가리키도록 그립니다.

---

**05-2** 8시 10분

❶ 7시 10분 ──10분 후──▶ 7시 20분 ──10분 후──▶ 7시 30분 ──10분 후──▶ 7시 40분
　(1번째)　　　　　　(2번째)　　　　　　(3번째)　　　　　　(4번째)

❷ 버스는 7시 10분부터 10분마다 도착하는 규칙이 있습니다.

❸ 7시 40분 ──10분 후──▶ 7시 50분 ──10분 후──▶ 8시 ──10분 후──▶ 8시 10분
　(4번째)　　　　　　(5번째)　　　　　　(6번째)　　　　　(7번째)

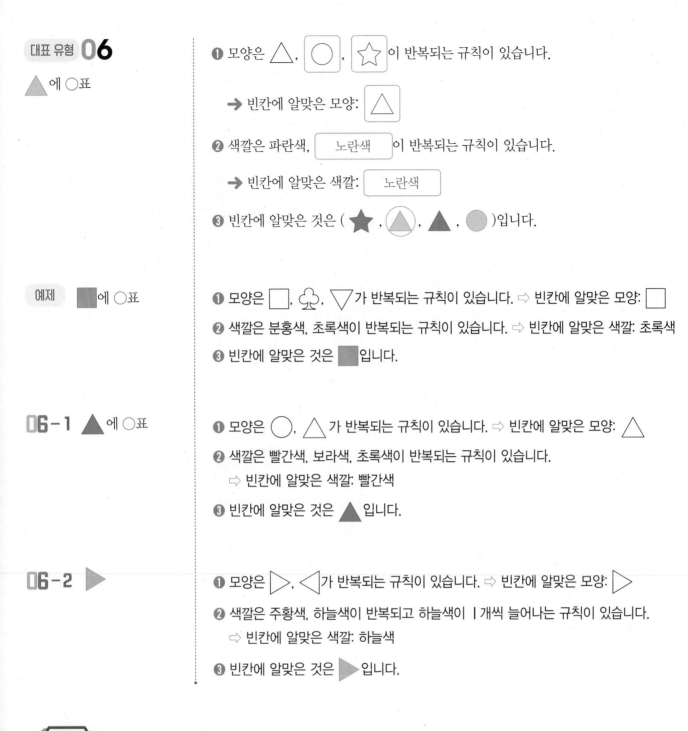

**대표 유형 06**

▲에 ○표

① 모양은 △, ◯, ☆이 반복되는 규칙이 있습니다.

→ 빈칸에 알맞은 모양: △

② 색깔은 파란색, 노란색 이 반복되는 규칙이 있습니다.

→ 빈칸에 알맞은 색깔: 노란색

③ 빈칸에 알맞은 것은 ( ★ , ▲ , ▲ , ● )입니다.

**예제** ■에 ○표

① 모양은 □, ♣, ▽가 반복되는 규칙이 있습니다. ⇨ 빈칸에 알맞은 모양: □

② 색깔은 분홍색, 초록색이 반복되는 규칙이 있습니다. ⇨ 빈칸에 알맞은 색깔: 초록색

③ 빈칸에 알맞은 것은 ■입니다.

**06-1** ▲에 ○표

① 모양은 ◯, △가 반복되는 규칙이 있습니다. ⇨ 빈칸에 알맞은 모양: △

② 색깔은 빨간색, 보라색, 초록색이 반복되는 규칙이 있습니다.

⇨ 빈칸에 알맞은 색깔: 빨간색

③ 빈칸에 알맞은 것은 ▲입니다.

**06-2** ▶

① 모양은 ▷, ◁가 반복되는 규칙이 있습니다. ⇨ 빈칸에 알맞은 모양: ▷

② 색깔은 주황색, 하늘색이 반복되고 하늘색이 1개씩 늘어나는 규칙이 있습니다.

⇨ 빈칸에 알맞은 색깔: 하늘색

③ 빈칸에 알맞은 것은 ▶입니다.

**실전 적용**

156~159쪽

**01** 22

① 파란색 점선을 따라 접었을 때 만나는 수들은 서로 같습니다.

② (㉮와 만나는 수)=㉮=1+4=5

(㉯와 만나는 수)=㉯=4+10=14

(㉰와 만나는 수)=㉰=10+7=17

③ 17>14>5이므로 (가장 큰 수와 가장 작은 수의 합)=17+5=22

**02** 4번

① 모든 요일은 7일마다 반복되는 규칙이 있습니다.

② 이달에 목요일은 5일, 5+7=12(일), 12+7=19(일), 19+7=26(일)로
모두 4번 있습니다.

**03** 24

① 같은 줄에서 오른쪽으로 갈수록 3씩 커지고, 아래로 내려갈수록 3씩 커지는 규칙이 있습니다.

② $12+3=㉠ \Rightarrow ㉠=15$

$6+3=㉡ \Rightarrow ㉡=9$

③ $㉠+㉡=15+9=24$

**04** ☂에 ○표

① 모양은 ☂, ☀, ☀가 반복되는 규칙이 있습니다.

⇨ 빈칸에 알맞은 모양: ☂

② 색깔은 초록색, 빨간색이 반복되는 규칙이 있습니다. ⇨ 빈칸에 알맞은 색깔: 빨간색

③ 빈칸에 알맞은 것은 ☂입니다.

**05** 1시 40분

① 12시 $\xrightarrow[25분\ 후]{}$ 12시 25분 $\xrightarrow[25분\ 후]{}$ 12시 50분 $\xrightarrow[25분\ 후]{}$ 1시 15분

② 시계의 시각이 12시부터 25분씩 지나는 규칙이 있습니다.

③ 마지막 시계가 나타내는 시각: 1시 15분 $\xrightarrow[25분\ 후]{}$ 1시 40분

**06** 23일

① 모든 요일은 7일마다 반복되는 규칙이 있습니다.

② 첫째 주 금요일이 2일이므로 둘째 주 금요일은 $2+7=9$(일),

셋째 주 금요일은 $9+7=16$(일), 넷째 주 금요일은 $16+7=23$(일)입니다.

**07** ◆

① 모양은 ◇, ◯, □이 반복되는 규칙이 있습니다.

⇨ 빈칸에 알맞은 모양: ◇

② 색깔은 바깥쪽 빨간색, 안쪽 노란색인 것과 바깥쪽 노란색, 안쪽 빨간색인 것이 반복되는 규칙이 있습니다.

⇨ 빈칸에 알맞은 색깔: 바깥쪽 노란색, 안쪽 빨간색

③ 빈칸에 알맞은 것은 ◆입니다.

**08** 30개

① 쌓기나무 개수를 세어 보면

1층일 때: 2개, 2층일 때: $2+4=6$(개), 3층일 때: $2+4+6=12$(개)

② 1층씩 늘어날 때마다 쌓기나무는 4개, 6개, … 늘어나는 규칙이 있습니다.

③ 쌓기나무를 5층으로 쌓으려면 쌓기나무는 $2+4+6+8+10=30$(개) 필요합니다.

# 1 네 자리 수

| | |
|---|---|
| 1 4000원 | 2 12개 |
| 3 9642번 | 4 11월 |
| 5 2개 | 6 5836 |
| 7 16개 | 8 8가지 |

**1** ❶ 1000원짜리 지폐 4장 ⇨ 4000원
　　100원짜리 동전 46개 ⇨ 4600원
　　10원짜리 동전 40개 ⇨ 　400원
　　　　　　　　　　　　　　9000원

❷ 9000은 5000보다 4000만큼 더 큰 수이므로 남는 돈은 4000원입니다.

**2** ❶ 2600보다 작아야 하므로 천의 자리 숫자는 2, 백의 자리 숫자는 0 또는 4입니다.

❷ 만들 수 있는 네 자리 수 중 천의 자리 숫자가 2, 백의 자리 숫자가 0인 수: 2046, 2049, 2064, 2069, 2094, 2096 ⇨ 6개
만들 수 있는 네 자리 수 중 천의 자리 숫자가 2, 백의 자리 숫자가 4인 수: 2406, 2409, 2460, 2469, 2490, 2496 ⇨ 6개

❸ 6+6=12(개)

**3** ❶ □643>9□□2>96□7>963□이고 모두 네 자리 수이므로 영민이가 돌린 훌라후프는 9643번입니다.

❷ 성현: 96□7번은 963□번보다 많고 9643번보다 적으므로 9637번입니다.

❸ 혜영: 9□□2번은 9637번보다 많고 9643번보다 적으므로 9642번입니다.

**4** ❶ 1200부터 8200이 될 때까지 1000씩 뛰어 세면 1200－2200－3200－4200
　　　　　　　(5월)　(6월)　(7월)
－5200－6200－7200－8200
(8월)　(9월)　(10월)　(11월)

❷ 저금통에 들어 있는 돈이 8200원이 되는 달은 11월입니다.

**5** ❶ 백의 자리 수가 ●, 7이므로 ●에 7, 8, 9를 넣어 봅니다.

❷ ●=7일 때 8724<8767 (×)
●=8일 때 8824>8768 (○)
●=9일 때 8924>8769 (○)

❸ ●에 들어갈 수 있는 수: 8, 9 ⇨ 2개

**6** ❶ 어떤 수는 9436에서 1000씩 거꾸로 4번 뛰어 센 수입니다.

❷ 9436－8436－7436－6436－5436에서 어떤 수는 5436입니다.

❸ 5436에서 100씩 4번 뛰어 센 수는 5436－5536－5636－5736－5836이므로 바르게 뛰어 센 수는 5836입니다.

**7** ❶ 3971보다 크고 4130보다 작으므로 천의 자리 숫자는 3 또는 4이고, 이 중 백의 자리 숫자와 일의 자리 숫자가 같은 수는 39□9, 40□0, 41□1입니다.

❷ 39□9에서 □ 안에는 7부터 9까지의 수가 들어갈 수 있으므로 모두 3개,
40□0에서 □ 안에는 0부터 9까지의 수가 들어갈 수 있으므로 모두 10개,
41□1에서 □ 안에는 0부터 2까지의 수가 들어갈 수 있으므로 모두 3개

❸ 조건을 만족하는 네 자리 수: 3+10+3=16(개)

**8** ❶

| 1000원짜리 지폐 | 4장 | 4장 | 4장 | 3장 | 3장 | 3장 |
|---|---|---|---|---|---|---|
| 500원짜리 동전 | 2개 | 1개 | · | 3개 | 2개 | 1개 |
| 100원짜리 동전 | · | 5개 | 10개 | 5개 | 10개 | 15개 |

| 1000원짜리 지폐 | 3장 | 2장 | 2장 | 2장 | 1장 |
|---|---|---|---|---|---|
| 500원짜리 동전 | · | 3개 | 2개 | 1개 | 3개 |
| 100원짜리 동전 | 20개 | 15개 | 20개 | 25개 | 25개 |
| | | | (×) | (×) | (×) |

❷ ❶에서 동전을 20개까지만 사용하는 경우는 모두 8가지입니다.

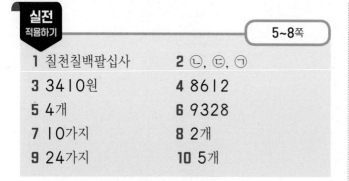

| | | | | |
|---|---|---|---|---|
| 1 칠천칠백팔십사 | | 2 ⓒ, ⓔ, ⓐ | | |
| 3 3410원 | | 4 8612 | | |
| 5 4개 | | 6 9328 | | |
| 7 10가지 | | 8 2개 | | |
| 9 24가지 | | 10 5개 | | |

**1** ❶ 1000이 6개 ⇨ 6000
　　　100이 15개 ⇨ 1500
　　　10이 28개 ⇨ 　280
　　　1이 4개 ⇨ 　　 4
　　　　　　　　　　 7784

❷ 7784는 칠천칠백팔십사라고 읽습니다.

**2** ❶ 천의 자리 수를 비교하면 4>3이므로 ⓒ이 가장 큽니다.

❷ 천의 자리 수가 같은 ⓐ과 ⓔ의 백의 자리 수를 비교하면 4<5이므로 ⓐ이 가장 작습니다.

❸ 큰 수부터 차례대로 기호를 쓰면 ⓒ, ⓔ, ⓐ입니다.

**3** ❶ 내일부터 매일 100원씩 4일 동안 저금하므로 저금하는 횟수는 4번입니다.

❷ 3010-3110-3210-3310-3410
　　　(1일)　(2일)　(3일)　(4일)

❸ 저금통에 들어 있는 돈은 모두 3410원이 됩니다.

**4** ❶ 수 카드의 수의 크기 비교: 8>6>2>1>0

❷ 가장 큰 네 자리 수: 8621
　두 번째로 큰 네 자리 수: 8620
　세 번째로 큰 네 자리 수: 8612

**5** ❶ 천의 자리, 백의 자리 수가 각각 같고 십의 자리 수를 비교하면 6<□이므로 □ 안에 들어갈 수 있는 수는 7, 8, 9입니다.

❷ □=6일 때 1265<1268이므로 □ 안에는 6도 들어갈 수 있습니다.

❸ □ 안에 들어갈 수 있는 수: 6, 7, 8, 9 ⇨ 4개

**6** ❶ 어떤 수는 6378에서 10씩 거꾸로 5번 뛰어 센 수입니다.

❷ 6378-6368-6358-6348-6338
　-6328에서 어떤 수는 6328입니다.

❸ 6328에서 1000씩 3번 뛰어 센 수는
　6328-7328-8328-<u>9328</u>

**7** ❶ 테이프 한 개의 가격이 1000원이므로 3개의 가격은 3000원입니다.

❷
| 1000원짜리 지폐 | 3장 | 2장 | 2장 | 2장 | 1장 |
|---|---|---|---|---|---|
| 500원짜리 동전 | · | 2개 | 1개 | · | 4개 |
| 100원짜리 동전 | · | · | 5개 | 10개 | · |

| 1000원짜리 지폐 | 1장 | 1장 | 1장 | · | · |
|---|---|---|---|---|---|
| 500원짜리 동전 | 3개 | 2개 | 1개 | 4개 | 3개 |
| 100원짜리 동전 | 5개 | 10개 | 15개 | 10개 | 15개 |

❸ 돈을 낼 수 있는 방법은 모두 10가지입니다.

**8** ❶ 5000보다 작아야 하므로 천의 자리 숫자는 1 또는 4이어야 하는데 4는 십의 자리에 놓아야 하므로 천의 자리에는 1을 놓습니다.

❷ 1□4□인 네 자리 수: 1547, 1745 ⇨ 2개

**9** ❶ 천, 백의 자리 수가 각각 같고, 십의 자리 수가 7, ⓔ이므로 ⓔ에 7, 8, 9를 넣어 봅니다.

❷ ⓔ=7일 때
ⓐ은 0부터 3까지의 수가 들어갈 수 있습니다.
(0, 7), (1, 7), (2, 7), (3, 7) ⇨ 4가지
ⓔ=8일 때
ⓐ은 0부터 9까지의 수가 들어갈 수 있습니다.
(0, 8), (1, 8), (2, 8), (3, 8), (4, 8), (5, 8),
(6, 8), (7, 8), (8, 8), (9, 8) ⇨ 10가지
ⓔ=9일 때
ⓐ은 0부터 9까지의 수가 들어갈 수 있습니다.
(0, 9), (1, 9), (2, 9), (3, 9), (4, 9), (5, 9),
(6, 9), (7, 9), (8, 9), (9, 9) ⇨ 10가지

❸ (ⓐ, ⓔ)은 모두 4+10+10=24(가지)

**10** ❶ 5000보다 크고 6000보다 작으므로 천의 자리 숫자는 5입니다.

❷ 백의 자리 숫자와 십의 자리 숫자가 같은 수는
500□, 511□, 522□, 533□, 544□,
555□, 566□, 577□, 588□, 599□입니다.

❸ 일의 자리 숫자는 천의 자리 숫자와 백의 자리 숫자의 합과 같으므로 조건을 만족하는 네 자리 수는 5005, 5116, 5227, 5338, 5449로 모두 5개입니다.

# 2 곱셈구구

9~11쪽

| 1 6 | 2 5점 |
|---|---|
| 3 3 | 4 4개 |
| 5 3 | 6 9마리, 6마리 |
| 7 2개 | 8 (위부터) 5, 3, 2 |

**1**

| × | 4 | 5 | 6 | 7 | 8 | 9 |
|---|---|---|---|---|---|---|
| 5 | | | | | | |
| 6 | | | | | ㉠ | |
| ㉢ | | ㉡ | | | | 63 |

❶ ㉠=6×8=48,
㉢×9=63에서 7×9=63이므로 ㉢=7
➡ ㉡=7×6=42
❷ 48>42이므로 ㉠-㉡=48-42=6

**2** ❶ 5점짜리를 맞혀서 얻은 점수: 5×3=15(점)
7점짜리를 맞혀서 얻은 점수: 7×1=7(점)
9점짜리를 맞혀서 얻은 점수: 9×2=18(점)
➡ (신영이가 지금까지 얻은 점수)
=15+7+18=40(점)
❷ (더 얻어야 하는 점수)=45-40=5(점)
❸ 남은 화살 1개는 5점에 맞혀야 합니다.

**3** ❶ 8×4=32
❷ 32에서 오른쪽 곱을 빼면 5이므로 오른쪽 곱은
32-5=27입니다. ➡ 9×□=27
❸ 9×3=27이므로 □=3입니다.

**4** ❶ (먹은 붕어빵 수)=4×3=12(개)
❷ (남은 붕어빵 수)=36-12=24(개)
❸ 남은 붕어빵을 한 봉지에 □개씩 모두 담으면
6봉지가 되므로
□×6=24에서 4×6=24이므로 □=4
➡ 붕어빵을 한 봉지에 4개씩 담았습니다.

**5** ❶ ●+●+●+●+●+●=●×6이고
●×6=6×●=3●에서
6단 곱셈구구 중 십의 자리 숫자가 3인 경우는
6×5=30, 6×6=36이므로 ●=6

❷ ◆×▲=●에서 ◆×▲=6이고 ●, ◆, ▲가
서로 다른 한 자리 수가 되는 경우는
2×3=6, 3×2=6입니다.
❸ ◆-▲=1에서 3-2=1이므로
◆=3, ▲=2

**6** ❶ (기린 8마리의 다리 수)=4×8=32(개)이므로
호랑이와 앵무새가 23-8=15(마리)이고 호랑
이와 앵무새의 다리는 80-32=48(개)입니다.
❷ 호랑이가 8마리이면 앵무새는 15-8=7(마리)
입니다.
이때 호랑이의 다리는 4×8=32(개),
앵무새의 다리는 2×7=14(개)로 모두
32+14=46(개)이므로 예상이 틀렸습니다.
❸ 호랑이가 9마리이면 앵무새는 15-9=6(마리)
입니다.
이때 호랑이의 다리는 4×9=36(개),
앵무새의 다리는 2×6=12(개)로 모두
36+12=48(개)이므로 예상이 맞았습니다.
❹ 동물원에 있는 호랑이는 9마리, 앵무새는 6마리
입니다.

**7** ❶ 4단 곱셈구구의 값은 4, 8, 12, 16, 20, 24,
28, ... 입니다.
❷ ❶의 수 중에서 2×7=14보다 크고
3×9=27보다 작은 수는 16, 20, 24입니다.
❸ ❷의 수 중에서 8단 곱셈구구의 값에도 있는 수는
8×2=16, 8×3=24입니다.
➡ 조건을 만족하는 수: 16, 24 → 2개

**8**

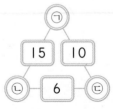

❶ 두 수의 곱이 15인 곱셈구구: 3×5, 5×3
두 수의 곱이 10인 곱셈구구: 2×5, 5×2
❷ ㉠에는 공통으로 있는 수가 들어가야 하므로
㉠=5
❸ 5×3=15이므로 ㉡=3,
5×2=10이므로 ㉢=2

| | |
|---|---|
| **1** 73 | **2** 33점 |
| **3** 19명 | **4** 6개 |
| **5** 11 | **6** 혜교, 11개 |
| **7** 4 | **8** 3마리 |
| **9** 56 | **10** 2개 |

**1** ❶ ㉠=4×7=28, ㉡=5×9=45
❷ ㉠+㉡=28+45=73

**2** ❶ 2점짜리를 맞혀서 얻은 점수: 2×5=10(점)
5점짜리를 맞혀서 얻은 점수: 5×3=15(점)
8점짜리를 맞혀서 얻은 점수: 8×1=8(점)
❷ 성현이가 얻은 점수: 10+15+8=33(점)

**3** ❶ (긴 의자 5개에 앉을 수 있는 사람 수)
=8×5=40(명)
❷ (더 앉을 수 있는 사람 수)=40-21=19(명)

**4** ❶ 4×7=28이므로 28<9×□입니다.
❷ □=1일 때 9×1=9 → 28>9(×)
□=2일 때 9×2=18 → 28>18(×)
□=3일 때 9×3=27 → 28>27(×)
□=4일 때 9×4=36 → 28<36(○)
⋮
❸ □ 안에 들어갈 수 있는 수:
4, 5, 6, 7, 8, 9 ⇨ 6개

**5** ❶ ▲×▲=2▲에서 같은 수를 2번 곱해서 십의 자리 숫자가 2가 되는 경우는 5×5=25이므로
▲=5
❷ ▲×★=30에서 5×★=30이고
5×6=30이므로 ★=6
❸ ▲+★=5+6=11

**6** ❶ (태희가 가지고 있는 젤리 수)=3×8=24(개)
(혜교가 가지고 있는 젤리 수)=7×5=35(개)
❷ 24개<35개이므로 혜교가 젤리를
35-24=11(개) 더 많이 가지고 있습니다.

**7** ❶ 3×6=18
❷ 왼쪽 곱에서 18을 빼면 2이므로 왼쪽 곱은
18+2=20입니다.
⇨ 5×□=20
❸ 5단 곱셈구구에서 5×4=20이므로 □=4입니다.

**8** ❶ 사슴벌레가 4마리이면 햄스터는 9-4=5(마리)입니다.
이때 사슴벌레의 다리는 6×4=24(개),
햄스터의 다리는 4×5=20(개)로 모두
24+20=44(개)이므로 예상이 틀렸습니다.
❷ 사슴벌레가 3마리이면 햄스터는 9-3=6(마리)입니다.
이때 사슴벌레의 다리는 6×3=18(개),
햄스터의 다리는 4×6=24(개)로 모두
18+24=42(개)이므로 예상이 맞았습니다.
❸ 나리가 키우는 사슴벌레는 3마리, 햄스터는 6마리이므로 햄스터는 사슴벌레보다
6-3=3(마리) 더 많습니다.

**9**

❶ 두 수의 곱이 21인 곱셈구구: 3×7, 7×3
두 수의 곱이 27인 곱셈구구: 3×9, 9×3
❷ ㉡에는 공통으로 있는 수가 들어가야 하므로
㉡=3
❸ 3×7=21이므로 ㉢=7,
3×9=27이므로 ㉣=9
❹ 9×㉤=72에서 9×8=72이므로 ㉤=8,
7×8=56이므로 ㉠=56

**10** ❶ 6단 곱셈구구의 값은
6, 12, 18, 24, 30, 36, 42, 48, …입니다.
❷ 2×8=16을 두 번 더한 값은 16+16=32
이고 ❶의 수 중에서 32보다 작은 수는 6, 12, 18, 24, 30입니다.
❸ ❷의 수 중에서 각 자리 숫자 중 하나가 2인 수는
12, 24입니다. ⇨ 2개

# 3 길이 재기

16~17쪽

**1** 세탁기　　　　　　**2** 27, 2, 5, 9
**3** 체육관, 8 m 18 cm　**4** 3 m 9 cm
**5** 80 cm　　　　　　**6** 3 m 38 cm

---

**1** ❶ 어림한 길이와 자로 잰 길이의 차를 구하면
에어컨: 2 m − 1 m 82 cm = 18 cm
냉장고: 1 m 94 cm − 1 m 70 cm = 24 cm
세탁기: 1 m 20 cm − 1 m 10 cm = 10 cm
❷ 10 cm < 18 cm < 24 cm이므로 가장 가깝게
어림한 가전 제품은 세탁기입니다.

**2** ❶ cm 단위의 계산:
덧셈식에서
㉠ + 12 = 39 ⇨ 39 − 12 = ㉠, ㉠ = 27
뺄셈식에서
㉠ − 18 = ㉣ ⇨ 27 − 18 = ㉣, ㉣ = 9
❷ m 단위의 계산:
덧셈식에서 3 + ㉡ = ㉢, 뺄셈식에서 7 − ㉡ = ㉢
두 식에 알맞은 수를 찾으면 ㉡ = 2, ㉢ = 5인 경
우입니다.

**3** ❶ (시장~공원~집)
= (시장~공원) + (공원~집)
= 58 m 29 cm + 31 m 52 cm
= 89 m 81 cm
❷ (시장~체육관~집)
= (시장~체육관) + (체육관~집)
= 43 m 17 cm + 38 m 46 cm
= 81 m 63 cm
❸ 89 m 81 cm > 81 m 63 cm이므로
체육관을 거쳐 가는 것이
89 m 81 cm − 81 m 63 cm = 8 m 18 cm
더 가깝습니다.

**4** ❶ (㉯의 길이)
= (㉮의 길이) + 4 m 13 cm
= 6 m 25 cm + 4 m 13 cm
= 10 m 38 cm

❷ (㉮의 길이) + (㉯의 길이)
= 6 m 25 cm + 10 m 38 cm
= 16 m 63 cm
❸ (㉰의 길이)
= (❷에서 구한 길이) − 13 m 54 cm
= 16 m 63 cm − 13 m 54 cm
= 3 m 9 cm

**5** ❶ 텃밭의 긴 쪽의 길이:
1 m 30 cm + 1 m 30 cm + 1 m 30 cm
+ 1 m 30 cm + 1 m 30 cm
= 6 m 50 cm
6 m 50 cm보다 20 cm 더 짧으므로
6 m 50 cm − 20 cm = 6 m 30 cm
텃밭의 짧은 쪽의 길이:
1 m 60 cm + 1 m 60 cm + 1 m 60 cm
= 4 m 80 cm
4 m 80 cm보다 70 cm 더 길므로
4 m 80 cm + 70 cm = 5 m 50 cm
❷ (텃밭의 긴 쪽의 길이) − (텃밭의 짧은 쪽의 길이)
= 6 m 30 cm − 5 m 50 cm
= 80 cm

**6** ❶ (사각형의 네 변의 길이의 합)
= 2 m 56 cm + 2 m 18 cm + 2 m 56 cm
+ 2 m 18 cm
= 9 m 48 cm
❷ (삼각형의 세 변의 길이의 합)
= (사각형의 네 변의 길이의 합)
= 9 m 48 cm
❸ (㉠의 길이)
= 9 m 48 cm − 3 m 43 cm − 2 m 67 cm
= 3 m 38 cm

---

## 실전 적용하기

18~21쪽

**1** 태우　　　　　　**2** 놀이터, 1 m 38 cm
**3** 3 m 13 cm　　　**4** 8, 51
**5** 1 m 15 cm　　　**6** 8, 19
**7** 예지　　　　　　**8** 6 m 60 cm
**9** 3 m 10 cm　　　**10** 4 m 60 cm

**1** ❶ 어림한 길이와 실제 길이의 차를 구하면
태우: 6 m−5 m 83 cm=17 cm,
근영: 6 m 18 cm−6 m=18 cm

❷ 17 cm<18 cm이므로
더 가깝게 어림한 사람은 태우입니다.

**2** ❶ 18 m 97 cm<20 m 35 cm이므로
집에서 더 먼 곳은 놀이터입니다.

❷ (집~놀이터)−(집~도서관)
=20 m 35 cm−18 m 97 cm
=1 m 38 cm

**3** ❶ 327 cm=3 m 27 cm

❷ (변 ㄱㄷ의 길이)
=(삼각형의 세 변의 길이의 합)
 −(변 ㄱㄴ의 길이)−(변 ㄴㄷ의 길이)
=11 m 24 cm−3 m 27 cm−4 m 84 cm
=3 m 13 cm

**4** ❶ cm 단위의 계산:
26−□=75가 되는 □는 없으므로
126−□=75에서 126−75=□, □=51

❷ m 단위의 계산:
□−1−4=3에서 □−5=3
⇨ 3+5=□, □=8

**5** ❶ (㉠에서 ㉢까지의 길이)+(㉡에서 ㉣까지의 길이)
=458 cm+274 cm
=4 m 58 cm+2 m 74 cm
=7 m 32 cm

❷ (㉡에서 ㉢까지의 길이)
=(❶에서 구한 길이)−(㉠에서 ㉣까지의 길이)
=7 m 32 cm−6 m 17 cm
=1 m 15 cm

**6**
```
    ◆ m  24 cm
 + 19 m  ▲ cm
   27 m  43 cm
```
❶ cm 단위의 계산:
24+▲=43 ⇨ 43−24=▲, ▲=19

❷ m 단위의 계산:
◆+19=27 ⇨ 27−19=◆, ◆=8

**7** ❶ 어림한 높이와 실제 높이의 차를 구하면
동희: 3 m−2 m 71 cm=29 cm
명훈: 3 m 28 cm−3 m=28 cm
예지: 3 m−285 cm=3 m−2 m 85 cm
                 =15 cm

❷ 15 cm<28 cm<29 cm이므로
가장 가깝게 어림한 사람은 예지입니다.

**8** ❶ (㉠에서 ㉡까지의 길이)
=(㉠에서 ㉣까지의 길이)−(㉡에서 ㉣까지의 길이)
=9 m 38 cm−5 m 51 cm
=3 m 87 cm

❷ (㉠에서 ㉢까지의 길이)
=(㉠에서 ㉡까지의 길이)+(㉡에서 ㉢까지의 길이)
=3 m 87 cm+273 cm
=3 m 87 cm+2 m 73 cm
=6 m 60 cm

**9** ❶ 수연이가 말한 길이:
30+30+30+30+30=150 (cm)
⇨ 1 m 50 cm
승호가 말한 길이:
40+40+40+40=160 (cm)
⇨ 1 m 60 cm

❷ (수연이가 말한 길이)+(승호가 말한 길이)
=1 m 50 cm+1 m 60 cm
=3 m 10 cm

**10** ❶ 312 cm=3 m 12 cm

❷ (변 ㄱㄹ의 길이)+(변 ㄴㄷ의 길이)
=(사각형의 네 변의 길이의 합)−(변 ㄱㄴ의 길이)
 −(변 ㄷㄹ의 길이)
=13 m 27 cm−3 m 12 cm−3 m 25 cm
=6 m 90 cm

❸ 6 m 90 cm
=2 m 30 cm+2 m 30 cm+2 m 30 cm
  변 ㄱㄹ의 길이        변 ㄴㄷ의 길이
이므로
(변 ㄴㄷ의 길이)=2 m 30 cm+2 m 30 cm
          =4 m 60 cm

# 4 시각과 시간

22~23쪽

**유형 변형하기**

1 은수
2 8시 55분
3 10시 10분
4 화요일
5 9시 40분
6 5월 9일
7 새롬

1 ❶ 은수: 3시 54분
❷ '시'를 비교하면 가장 늦은 시각: 4시 14분
❸ ❷의 시각을 제외하고 남은 두 시각의 '분'을 비교하면 더 이른 시각: 3시 54분
⇨ 가장 먼저 출발한 사람: 은수

2 ❶ 짧은바늘이 8과 9 사이를 가리키므로 8시입니다.
❷ 긴바늘이 3을 가리키므로 15분입니다.
❸ 시계가 나타내는 시각: 8시 15분
❹ 8시 15분에서 40분 후는 8시 55분입니다.

3 ❶ 걷고 난 후의 시각은 8시 40분에서 40분 후의 시각이므로
8시 40분 ──20분 후──▶ 9시 ──20분 후──▶ 9시 20분
❷ 놀이공원에 도착한 시각은 9시 20분에서 50분 후의 시각이므로
9시 20분 ──40분 후──▶ 10시 ──10분 후──▶ 10시 10분
❸ 우진이가 놀이공원에 도착한 시각: 10시 10분

4 ❶ 5월의 마지막 날은 31일입니다.
❷ 31일과 같은 요일인 날짜: 31-7=24(일), 24-7=17(일), 17-7=10(일)
❸ 5월의 마지막 날인 31일은 10일과 같은 요일이므로 수요일입니다.
❹ 5월 31일이 수요일이므로
6월 1일: 목요일, 2일: 금요일, 3일: 토요일, 4일: 일요일, 5일: 월요일, 6일: 화요일
⇨ 같은 해 6월 6일은 화요일입니다.

5 ❶ 긴바늘이 숫자 8을 가리키므로 40분입니다.
❷ 40분일 때 짧은바늘이 숫자 7에 가장 가까이 있으므로 6시입니다.
⇨ 시계가 나타내는 시각: 6시 40분
❸ 긴바늘이 3바퀴 더 돌면 3시간이 지난 것이므로 9시 40분입니다.

6 ❶ 4월은 30일까지 있으므로
4월 20일부터 30일까지 ⇨ 11일
❷ 5월 1일부터 9일까지의 기간이 9일이므로 박람회가 끝나는 날은 5월 9일입니다.

7 ❶ 민지: 10시 25분 ──1시간 후──▶ 11시 25분
──10분 후──▶ 11시 35분
⇨ 스케이트를 탄 시간: 1시간 10분
❷ 새롬: 2시 40분 ──1시간 후──▶ 3시 40분
──20분 후──▶ 4시
⇨ 스케이트를 탄 시간: 1시간 20분
❸ 스케이트를 더 오래 탄 사람: 새롬

**실전 적용하기**

24~27쪽

1 민성
2 1시 20분
3 21일
4 토요일
5 2시간 25분
6 세호
7 화요일
8 5시 13분
9 3시 10분
10 16시간 40분

정답 및 풀이 • **51**

**1** ❶ 은아: 8시 42분, 민성: 9시 16분,
　　수린: 9시 8분
　❷ '시'를 비교하면 가장 이른 시각: 8시 42분
　❸ ❷의 시각을 제외하고 남은 두 시각의 '분'을 비교
　　하면 더 늦은 시각: 9시 16분
　　　⇨ 가장 늦게 도착한 사람: 민성

**2** ❶ 짧은바늘이 1과 2 사이를 가리키므로 1시입니다.
　❷ 긴바늘이 4를 가리키므로 20분입니다.
　❸ 시계가 나타내는 시각: 1시 20분

**3** ❶ 7월은 31일까지 있으므로
　　7월 26일부터 31일까지 ⇨ 6일
　❷ 8월 1일부터 15일까지 ⇨ 15일
　❸ 수학 경시대회 신청 기간: 6+15=21(일)

**4** ❶ 9월의 마지막 날은 30일입니다.
　❷ 30일과 같은 요일인 날짜:
　　30−7=23(일), 23−7=16(일),
　　16−7=9(일), 9−7=2(일)
　❸ 1일: 금요일, 2일: 토요일이고
　　9월 30일은 2일과 같은 요일이므로 토요일입
　　니다.

**5** ❶ 시작한 시각: 오후 1시 25분,
　　끝낸 시각: 오후 3시 50분
　❷ 1시 25분 $\xrightarrow[\text{2시간 후}]{}$ 3시 25분
　　$\xrightarrow[\text{25분 후}]{}$ 3시 50분
　❸ 축구 연습을 한 시간: 2시간 25분

**6** ❶ 연주: 4월은 30일까지 있으므로
　　4월 20일부터 30일까지 → 11일,
　　5월 1일부터 16일까지 → 16일
　　　⇨ 배드민턴 연습 기간:
　　　　11+16=27(일)

❷ 세호: 7월은 31일까지 있으므로
　　7월 25일부터 31일까지 → 7일,
　　8월 1일부터 23일까지 → 23일
　　⇨ 배드민턴 연습 기간:
　　　7+23=30(일)
❸ 배드민턴 연습 기간이 더 긴 사람: 세호

**7** ❶ 10월의 마지막 날은 31일이고
　　11월 1일이 수요일이므로 10월 31일은 화요
　　일입니다.
　❷ 31일과 같은 요일인 날짜:
　　31−7=24(일), 24−7=17(일),
　　17−7=10(일), 10−7=3(일)
　❸ 10월 3일은 31일과 같은 요일이므로 화요일입
　　니다.
　　　⇨ 리아의 생일은 화요일입니다.

**8** ❶ 긴바늘이 숫자 2에서 작은 눈금 3칸을 더 간 곳
　　을 가리키므로 13분입니다.
　❷ 13분일 때 짧은바늘이 숫자 5에 가장 가까이 있
　　으므로 5시입니다.
　❸ 시계가 나타내는 시각: 5시 13분

**9** ❶ 리호가 낮잠에서 깬 시각은 1시 20분에서 1시간
　　50분 후의 시각이므로
　　1시 20분 $\xrightarrow[\text{1시간 후}]{}$ 2시 20분
　　$\xrightarrow[\text{40분 후}]{}$ 3시 $\xrightarrow[\text{10분 후}]{}$ 3시 10분
　❷ 낮잠에서 깬 시각: 3시 10분

**10** ❶ 어제 오후 5시 $\xrightarrow[\text{12시간 후}]{}$ 오늘 오전 5시
　　$\xrightarrow[\text{4시간 후}]{}$ 오늘 오전 9시
　　$\xrightarrow[\text{40분 후}]{}$ 오늘 오전 9시 40분
　❷ 스키장에 다녀오는 데 걸린 시간: 16시간 40분

28~30쪽

| | | | |
|---|---|---|---|
| **1** 12개 | | **2** 포도, 5 | |
| **3** 4개 | | **4** 풀이 참조 | |
| **5** 7명 | | **6** 독일 | |
| **7** 민선이네 학교 | | | |

**1** ❶ 예빈이가 가지고 있는 사탕 수: 2개
　❷ 사탕을 2개보다 많이 가지고 있는 학생:
　　재석(3개), 슬기(5개), 승찬(4개)
　❸ (사탕 수의 합)=3+5+4=12(개)

**2** ❶ 조사한 자료에서 ㉠을 제외하고 좋아하는 과일별
　　학생 수를 세어 보면
　　감: 3명, 귤: 5명, 사과: 3명, 포도: 3명
　❷ 표와 ❶에서 포도를 좋아하는 학생 수가 다르므로
　　㉠은 포도입니다. ⇨ ㉠: 포도
　❸ ㉠이 포도이므로 귤을 좋아하는 학생은 5명입니
　　다. ⇨ ㉡: 5

**3** ❶ 식빵: 2개, 크림빵: 4개
　❷ (오후에 팔린 소금빵 수)=(오후에 팔린 식빵 수)
　　　　　　　　　　　　　=2개
　❸ (오후에 팔린 초코빵 수)=12-2-2-4
　　　　　　　　　　　　　=4(개)

**4** 받고 싶은 선물별 학생 수

| 선물 | 인형 | 책 | 축구공 | 합계 |
|---|---|---|---|---|
| 학생 수(명) | 2 | 2 | 4 | 8 |

| 4 | | | ○ |
|---|---|---|---|
| 3 | | | ○ |
| 2 | ○ | ○ | ○ |
| 1 | ○ | ○ | ○ |
| 학생 수(명) / 선물 | 인형 | 책 | 축구공 |

　❶ 표: • 그래프에서 인형을 받고 싶은 학생은 2명입
　　　　니다.
　　　• (책을 받고 싶은 학생 수)
　　　　=(인형을 받고 싶은 학생 수)=2명
　　　• (합계)=2+2+4=8(명)

❷ 그래프: ○를 아래에서부터 한 칸에 하나씩
　　　　　책에 2개, 축구공에 4개 그립니다.

**5** ❶ (합창을 하고 싶은 학생과 연극을 하고 싶은 학생
　　수의 합)=26-8-4=14(명)
　❷ 합창을 하고 싶은 학생과 연극을 하고 싶은 학생
　　수를 각각 ○명이라 하면 ○+○=14,
　　7+7=14이므로 ○=7
　❸ 연극을 하고 싶은 학생은 7명입니다.

**6** ❶ 미국: 3+4=7(명), 스위스: 5+3=8(명),
　　일본: 3+6=9(명), 독일: 6+4=10(명)
　❷ 가장 많은 학생들이 가 보고 싶은 국가: 독일

**7** ❶ 5명을 기준으로 선을 긋고 ○가 그은 선보다 위쪽
　　에 있는 반을 알아봅니다.

라온이네 학교

| 7 | | | | ○ |
|---|---|---|---|---|
| 6 | | ○ | | ○ |
| 5 | | ○ | | ○ |
| 4 | | ○ | | ○ |
| 3 | ○ | ○ | | ○ |
| 2 | ○ | ○ | ○ | ○ |
| 1 | ○ | ○ | ○ | ○ |
| 학생 수(명) / 반 | 1반 | 2반 | 3반 | 4반 |

• 라온이네 학교: 2반, 4반 → 2개의 반

민선이네 학교

| 7 | | | ○ | |
|---|---|---|---|---|
| 6 | | | ○ | |
| 5 | | ○ | ○ | |
| 4 | ○ | ○ | ○ | |
| 3 | ○ | ○ | ○ | ○ |
| 2 | ○ | ○ | ○ | ○ |
| 1 | ○ | ○ | ○ | ○ |
| 학생 수(명) / 반 | 1반 | 2반 | 3반 | 4반 |

• 민선이네 학교: 3반 → 1개의 반

❷ 로봇 대회에 5명보다 많이 참가한 반이 더 적은
　학교: 민선이네 학교

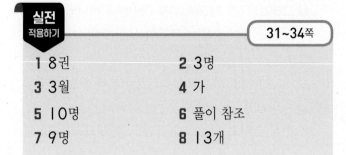

| | | | |
|---|---|---|---|
| 1 8권 | | 2 3명 | |
| 3 3월 | | 4 가 | |
| 5 10명 | | 6 풀이 참조 | |
| 7 9명 | | 8 13개 | |

**1** ❶ 동화책을 가장 많이 읽은 학생: 선예(5권)
　　동화책을 두 번째로 많이 읽은 학생: 민지(3권)
　❷ (읽은 동화책 수의 합)=5+3=8(권)

**2** ❶ 딸기 우유: 1명, 바나나 우유: 2명,
　　아몬드 우유: 4명
　❷ (초코 우유를 마신 학생 수)
　　=10−1−2−4=3(명)

**3** ❶ 조사한 자료에서 재우를 제외하고 태어난 달별 학
　　생 수를 세어 보면
　　3월: 2명, 4월: 4명, 7월: 3명
　❷ 그래프와 ❶에서 세어 본 학생 수가 다른 달: 3월
　❸ 재우가 태어난 달: 3월

**4** ❶ 가: 4−3=1(개), 나: 5−2=3(개),
　　다: 3−1=2(개), 라: 2−2=0(개)
　❷ 풀과 테이프 수의 차가 두 번째로 작은 상자: 가

**5** ❶ 파란색을 좋아하는 학생 수는 노란색을 좋아하는
　　학생 수의 3배이므로
　　(파란색을 좋아하는 학생 수)=3×3=9(명)
　❷ (초록색을 좋아하는 학생 수)
　　=29−9−7−3=10(명)

**6**

딴 딸기 수

| 이름 | 딸기 수(개) |
|---|---|
| 진서 | 5 |
| 예지 | 3 |
| 선우 | 4 |
| 우희 | 5 |
| 합계 | 17 |

딴 딸기 수

| 딸기 수(개)＼이름 | 진서 | 예지 | 선우 | 우희 |
|---|---|---|---|---|
| 5 | ○ | | | ○ |
| 4 | ○ | | ○ | ○ |
| 3 | ○ | ○ | ○ | ○ |
| 2 | ○ | ○ | ○ | ○ |
| 1 | ○ | ○ | ○ | ○ |

**1** ❶ 표: •그래프에서 진서가 딴 딸기는 5개입니다.
　　•(우희가 딴 딸기 수)
　　　=(진서가 딴 딸기 수)=5개
　　•(선우가 딴 딸기 수)
　　　=17−5−3−5=4(개)
　❷ 그래프: ○를 아래에서부터 한 칸에 하나씩 예지에
　　3개, 선우에 4개, 우희에 5개 그립니다.

**7** ❶ (요리를 하고 싶은 학생과 요가를 하고 싶은 학생
　　수의 합)=27−6−7=14(명)
　❷ 요가를 하고 싶은 학생 수를 ▢명이라 하면 요리
　　를 하고 싶은 학생은 (▢+4)명입니다.
　❸ ▢+▢+4=14, ▢+▢=10이고
　　5+5=10이므로 ▢=5
　　⇨ (요리를 하고 싶은 학생 수)
　　　=▢+4=5+4=9(명)

**8** ❶ 2개를 기준으로 선을 긋고 ○가 그은 선보다
　　오른쪽에 있는 날을 알아봅니다.

민지가 접은 튤립 수

| 요일＼개수(개) | 1 | 2 | 3 | 4 |
|---|---|---|---|---|
| 월 | ○ | ○ | | |
| 화 | ○ | ○ | ○ | |
| 수 | ○ | ○ | ○ | ○ |
| 목 | ○ | | | |
| 금 | ○ | ○ | | |

　•민지: 화요일, 수요일 → 2일

승희가 접은 튤립 수

| 요일＼개수(개) | 1 | 2 | 3 | 4 |
|---|---|---|---|---|
| 월 | ○ | | | |
| 화 | ○ | ○ | ○ | ○ |
| 수 | ○ | ○ | | |
| 목 | ○ | ○ | ○ | |
| 금 | ○ | ○ | ○ | |

　•승희: 화요일, 목요일, 금요일 → 3일
　❷ 튤립을 2개보다 많이 접은 날이 더 많은 사람:
　　승희
　❸ (승희가 5일 동안 접은 튤립 수)
　　=1+4+2+3+3=13(개)

## 6 규칙 찾기

**유형 변형하기**

35~36쪽

| 1 42 | 2 15일 |
|------|--------|
| 3 12, 30 | 4 36개 |
| 5 6시 30분 | 6 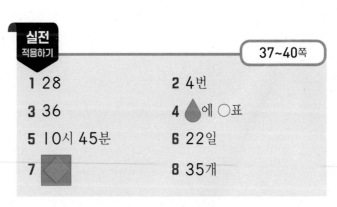 |

**1** ❶ 빨간색 점선을 따라 접었을 때 만나는 수들은 서로 같습니다.

❷ (㉮와 만나는 수)=㉮=5×4=20
(㉯와 만나는 수)=㉯=5×7=35
(㉰와 만나는 수)=㉰=7×6=42

❸ 42>35>20이므로 가장 큰 수는 42입니다.

**2** ❶ 같은 줄에서 왼쪽으로 갈수록 1씩 작아지는 규칙이 있으므로 첫째 주 화요일은 1일입니다.

❷ 모든 요일은 7일마다 반복되는 규칙이 있습니다.

❸ 첫째 주 화요일이 1일이므로
둘째 주 화요일은 1+7=8(일),
셋째 주 화요일은 8+7=15(일)입니다.

**3** ❶ 위에서 첫 번째 줄은 2씩 커지는 규칙이 있습니다.
10+2=♥ ⇨ ♥=12

❷ ♥=2×6=12이므로 오른쪽에서 첫 번째 줄은 6단 곱셈구구입니다.
24+6=★ ⇨ ★=30

**4** ❶ 상자의 개수는 1층일 때: 1개,
2층일 때: 1+3=4(개),
3층일 때: 1+3+5=9(개),
4층일 때: 1+3+5+7=16(개)

❷ 1층씩 늘어날 때마다 상자는 3개, 5개, 7개, … 늘어나는 규칙이 있습니다.

❸ 상자를 6층으로 쌓으려면 상자는
1+3+5+7+9+11=36(개) 필요합니다.

**5** ❶ 5시 ──(1번째) 15분 후──▶ 5시 15분 ──(2번째) 15분 후──▶ 5시 30분 (3번째)
──15분 후──▶ 5시 45분 (4번째)

❷ 기차는 5시부터 15분마다 도착하는 규칙이 있습니다.

❸ 5시 45분 ──(4번째) 15분 후──▶ 6시 (5번째) ──15분 후──▶ 6시 15분 (6번째)
──15분 후──▶ 6시 30분 (7번째)

**6** ❶ 모양은 △, ▽가 반복되는 규칙이 있습니다.
⇨ 빈칸에 알맞은 모양: △

❷ 색깔은 노란색, 하늘색이 반복되고 노란색이 하나씩 늘어나는 규칙이 있습니다.
⇨ 빈칸에 알맞은 색깔: 노란색

❸ 빈칸에 알맞은 것은 🔺 입니다.

**실전 적용하기**

37~40쪽

| 1 28 | 2 4번 |
|------|-------|
| 3 36 | 4 💧에 ○표 |
| 5 10시 45분 | 6 22일 |
| 7 ◈ | 8 35개 |

**1** ❶ 파란색 점선을 따라 접었을 때 만나는 수들은 서로 같습니다.

❷ (㉮와 만나는 수)=㉮=2+8=10
(㉯와 만나는 수)=㉯=5+10=15
(㉰와 만나는 수)=㉰=8+10=18

❸ 18>15>10이므로
(가장 큰 수와 가장 작은 수의 합)
=18+10=28

**2** ❶ 모든 요일은 7일마다 반복되는 규칙이 있습니다.
❷ 이달에 목요일은 4일, 4+7=11(일),
11+7=18(일), 18+7=25(일)로
모두 4번 있습니다.

**3** ❶ 같은 줄에서 오른쪽으로 갈수록 4씩 커지고, 아래
로 내려갈수록 4씩 커지는 규칙이 있습니다.
❷ 8+4=㉠ ⇨ ㉠=12
20+4=㉡ ⇨ ㉡=24
❸ ㉠+㉡=12+24=36

**4** ❶ 모양은 △, ☁, △이 반복되는 규칙이 있습
니다. ⇨ 빈칸에 알맞은 모양: △
❷ 색깔은 파란색, 분홍색이 반복되는 규칙이 있습니
다. ⇨ 빈칸에 알맞은 색깔: 파란색
❸ 빈칸에 알맞은 것은 ● 입니다.

**5** ❶ 8시 25분 —35분 후→ 9시 —35분 후→ 9시 35분
—35분 후→ 10시 10분
❷ 시계의 시각이 8시 25분부터 35분씩 지나는 규
칙이 있습니다.
❸ 마지막 시계가 나타내는 시각:
10시 10분 —35분 후→ 10시 45분

**6** ❶ 모든 요일은 7일마다 반복되는 규칙이 있습니다.
❷ 첫째 주 금요일이 1일이므로
둘째 주 금요일은 1+7=8(일),
셋째 주 금요일은 8+7=15(일),
넷째 주 금요일은 15+7=22(일)입니다.

**7** ❶ 모양은 △, ◇, ◇이 반복되는 규칙이 있
습니다. ⇨ 빈칸에 알맞은 모양: ◇
❷ 색깔은 바깥쪽 빨간색, 안쪽 초록색인 것과 바깥쪽
초록색, 안쪽 빨간색인 것이 반복되는 규칙이 있습
니다.
⇨ 빈칸에 알맞은 색깔: 바깥쪽 빨간색, 안쪽 초록색
❸ 빈칸에 알맞은 것은 ◈ 입니다.

**8** ❶ 쌓기나무 개수를 세어 보면
1층일 때: 3개,
2층일 때: 3+5=8(개),
3층일 때: 3+5+7=15(개)
❷ 1층씩 늘어날 때마다 쌓기나무는 5개, 7개, …
늘어나는 규칙이 있습니다.
❸ 쌓기나무를 5층으로 쌓으려면 쌓기나무는
3+5+7+9+11=35(개) 필요합니다.

# 기초 학습능력 강화 프로그램

매일 조금씩 **공부력** UP!

# 똑똑한 하루
## 시리즈

## 쉽다!

초등학생에게 꼭 필요한 지식을
학습 만화, 게임, 퍼즐 등을 통한
'비주얼 학습'으로 쉽게 공부하고 이해!

## 빠르다!

하루 10분, 주 5일 완성의
커리큘럼으로 빠르고 부담 없이
초등 기초 학습능력 향상!

## 재미있다!

교과서는 물론 생활 속에서
쉽게 접할 수 있는 다양한 소재를 활용해
스스로 재미있게 학습!

## 더 새롭게! 더 다양하게! 전과목 시리즈로 돌아온 '똑똑한 하루'

### 국어 (예비초~초6)

예비초~초6 각 A·B
교재별 14권

예비초: 예비초 A·B
초1~초6: 1A~4C
14권

### 영어 (예비초~초6)

초3~초6 Level 1A~4B
8권

Starter A·B
1A~3B
8권

### 수학 (예비초~초6)

초1~초6 1·2학기
12권

예비초~초6 각 A·B
14권

예비초: 예비초 A·B
초1~초6: 학년별 1권
8권

초1~초6 각 A·B
12권

### 봄·여름
### 가을·겨울 (초1~초2)

봄·여름·가을·겨울
각 2권 / 8권

### 안전 (초1~초2)

초1~초2
2권

### 사회·과학 (초3~초6)

학기별 구성
사회·과학 각 8권

정답은
이안에
있어!